Sitzungsberichte der Heidelberger Akademie der Wissenschaften
Mathematisch-naturwissenschaftliche Klasse
Jahrgang 1985, 5. Abhandlung

Wolfgang Kaiser

Entwicklungslinien der Breitbandkommunikation

Mit 34 Abbildungen und 8 Tabellen

Vorgetragen in der Sitzung vom 9. Februar 1985

Springer-Verlag
Berlin Heidelberg New York Tokyo

Professor Dr.-Ing. Dr.-Ing. E. h. Wolfgang Kaiser
Institut für Nachrichtenübertragung
der Universität Stuttgart
Breitscheidstraße 2, 7000 Stuttgart 1

ISBN-13: 978-3-540-16174-5   e-ISBN-13: 978-3-642-46570-3
DOI: 10.1007/978-3-642-46570-3

Das Werk ist urheberrechtlich geschützt. Die dadurch begründeten Rechte, insbesondere die der Übersetzung, des Nachdruckes, der Entnahme von Abbildungen, der Funksendung, der Wiedergabe auf photomechanischem oder ähnlichem Wege und der Speicherung in Datenverarbeitungsanlagen bleiben, auch bei nur auszugsweiser Verwertung, vorbehalten.
Die Vergütungsansprüche des § 54, Abs. 2 UrhG werden durch die „Verwertungsgesellschaft Wort", München, wahrgenommen.

© Springer-Verlag Berlin Heidelberg 1985

Die Wiedergabe von Gebrauchsnamen, Warenbezeichnungen usw. in diesem Werk berechtigt auch ohne besondere Kennzeichnung nicht zu der Annahme, daß solche Namen im Sinne der Warenzeichen- und Markenschutz-Gesetzgebung als frei zu betrachten wären und daher von jedermann benutzt werden dürften.
Satz: K + V Fotosatz GmbH, Beerfelden
2125/3145-543210

Einleitung

Die Telekommunikation, d. h. die mit nachrichtentechnischen Mitteln über größere Entfernungen hinweg geführte Kommunikation, ist in der heutigen Zeit für die Verständigung zwischen den Menschen unersetzlich. Der Austausch von Informationen ist aber auch die Basis jeder geschäftlichen Zusammenarbeit, wobei die zunehmende Arbeitsteilung und die internationale Verflechtung den Bedarf an Kommunikationsmitteln immer weiter steigern. Man schätzt, daß in modernen Industriegesellschaften bald die Hälfte aller Erwerbstätigen mit der Übermittlung von Informationen und deren Verarbeitung beschäftigt ist. Die Informationsverarbeitung oder Informatik dringt in immer neue Einsatzfelder vor und bedient sich dabei der Möglichkeiten der Telekommunikation. Diesen Trend zum Zusammenwachsen von Telekommunikation und Informatik kennzeichnet man durch das Kunstwort *Telematik*.

Die heutige Situation auf dem Gebiet der Telekommunikation ist geprägt durch getrennte Übertragungswege für die schmalbandigen Telekommunikationsdienste, nämlich Sprach-, Text- und Datenkommunikation einerseits, und den Empfang breitbandiger Telekommunikationsformen (im wesentlichen Fernsehen) andererseits. Das *Fernsprechen* erfüllt den uralten Wunsch der Menschen, sich auch dann akustisch verständigen zu können, wenn die Gesprächspartner weit voneinander entfernt sind. Das *Fernsehen* entspricht dem Bedürfnis nach Information und Unterhaltung. Diese beiden Formen der Telekommunikation sind gleichzeitig aber auch typisch für die beiden Kategorien der *Individualkommunikation* und der Massen- oder *Verteilkommunikation*. Bei der Individualkommunikation kann jeweils ein Teilnehmer A mit einem Teilnehmer B in Dialogform kommunizieren, wobei in einem Wählnetz sehr viele derartige Verbindungen gleichzeitig möglich sind. Im Gegensatz hierzu bezeichnet die Massenkommunikation eine einseitig gerichtete Ausstrahlung von einer Zentrale zu vielen Empfängern, wozu anstatt des Wählnetzes ein Verteilnetz über Funk oder Kabel ausreicht.

Fernsprechen und Fernsehen sind die am weitesten verbreiteten Formen der Telekommunikation und werden dies sicherlich auch für die absehbare Zukunft bleiben. Daneben entwickeln sich aber immer mehr auch neue Nutzungsformen. Wie Tabelle 1 zeigt, unterscheidet man dabei sechs Nachrichtenarten: Sprache, Text, Daten, stillstehende und bewegte Bilder sowie Musik. Für die ersten vier Nachrichtenarten, d. h. für das Fernsprechen und die verschiedenen Formen der

Tabelle 1. Formen der Schmal- und Breitbandkommunikation

	Nachrichtenart	Schmalbandkommunikation		Breitbandkommunikation	
		Telekommunikationsform	Bandbreite bzw. Bitrate	Telekommunikationsform	Bandbreite bzw. Bitrate
Individualkommunikation	Sprache	Fernsprechen	300–3400 Hz bzw. 64 kbit/s		
	Text	Fernschreiben Teletex Telefax Bildschirmtext	50 bit/s 2400 bit/s 300–3400 Hz 1200 bit/s		
	Daten	Datex - L Datex - P	0,3–48 kbit/s 2,4–48 kbit/s	Datentransfer	2...34 Mbit/s
	Stillstehende Bilder			Computergraphik	8 Mbit/s
	Bewegte Bilder			Bildfernsprechen	140 Mbit/s
				Videokonferenz	140 Mbit/s
Massenkommunikation	Text			Videotext	5 MHz
				Kabeltext	5 MHz
	Stillstehende Bilder			Bildabruf	2...34 Mbit/s
	Bewegte Bilder			Fernsehen	6 MHz bzw. 140 Mbit/s
				Fernsehen mit erhöhter Auflösung	25 MHz
	Musik	Hörfunk	50 kHz bzw. 1 Mbit/s		

Text- und Datenübertragung sowie in vielen Fällen auch noch für die Übertragung stillstehender Bilder, genügen Telekommunikationsverbindungen mit relativ geringer Bandbreite, während im Gegensatz hierzu für bewegte Bilder Übertragungskanäle mit einer mehr als tausendfach größeren Bandbreite von mindestens 6 MHz nötig sind.

So haben sich im Laufe der Zeit entsprechend den bisher verfügbaren technischen Möglichkeiten zwei getrennte Netze herausgebildet. Das Fernsprechnetz und die in ihrem Umfang wesentlich kleineren, auf der Infrastruktur des Fernsprechnetzes aufbauenden Text- und Datennetze verwenden ein Teilnehmeranschlußkabel, das insgesamt viele hundert dünne Kupferadern enthält und damit, wie Abb. 1 zeigt, nur Nachrichtensignale übertragen kann, die relativ niedrige Frequenzen enthalten. Diese bestehenden Netze ermöglichen durch den Einsatz entsprechender Teilnehmerendgeräte neue Nutzungsformen, vor allem auf dem Gebiet der elektronischen Textkommunikation. So bilden Bildschirmtext, Teletex und Telefax sowie Telebox und TEMEX moderne Formen der Telekommunikation, auf die jedoch im Rahmen dieser Arbeit nicht näher eingegangen werden soll.

Zur Übertragung eines oder gar mehrerer Fernsehprogramme sind, wie Abb. 1 deutlich macht, Fernsprechanschlußleitungen untauglich. Hierfür benötigt man Koaxialkabel, die einen Innenleiter und einen ihn rohrförmig umschließen-

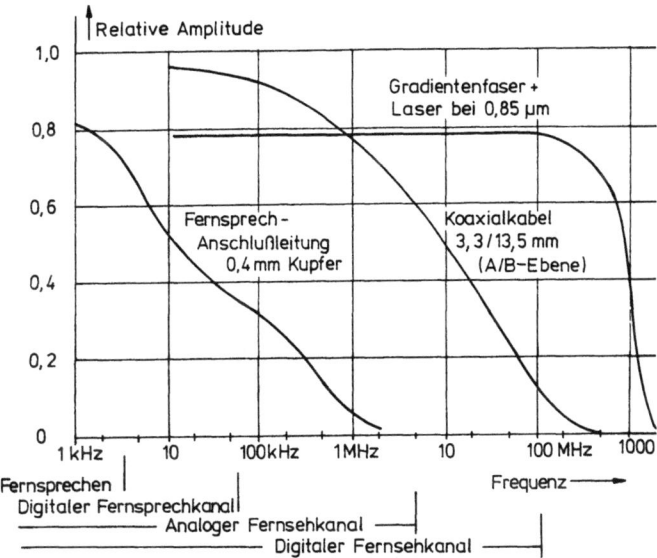

Abb. 1. Amplitudengang verschiedener Leitungen einschließlich des Modulationssignals einer Glasfaserverbindung von je 1 km Länge

den Außenleiter aufweisen und aufgrund ihrer geometrischen Abmessungen geeignet sind, Frequenzen bis etwa 500 MHz zu übertragen. Alle zum Empfang von Fernsehen und UKW-Hörfunk eingesetzten Antennenanlagen verwenden derartige Koaxialkabel. Im unteren Teil des Bildes sind die zur analogen bzw. digitalen Übertragung von Fernsprech- und Fernsehsignalen notwendigen Bandbreiten angegeben.

Neue Technologien erlauben in der Zukunft die Schaffung eines *einheitlichen* Nachrichtennetzes, in dem sowohl die Individual- als auch die Verteilkommunikation gleichermaßen verwirklicht werden können. Dann können auch Formen der Breitband-Individualkommunikation, wie z. B. das Bildfernsprechen, genutzt werden. Die Begriffe Breitbandkommunikation und Massenkommunikation sind, wie an Hand von Tabelle 1 deutlich gemacht werden soll, nicht deckungsgleich. Im folgenden werden die Entwicklungslinien näher betrachtet, die ausgehend vom heutigen Stand der Technik der Breitbandkommunikation zu dem einheitlichen Breitbandnetz führen.

Heutige Verteilnetze

Im Gegensatz zu der im Fernsprechnetz verwendeten, für den Sprachdialog eingerichteten, sternförmigen Netzstruktur weisen Breitband-Kabelanlagen eine Baumstruktur (Abb. 2) auf, d. h. die Hörfunk- und Fernsehsignale werden, ausgehend von der Zentrale, über ein Netz von Koaxialkabeln unterschiedlichen Durchmessers (vergleichbar dem Stamm, den Ästen und Zweigen eines Baumes)

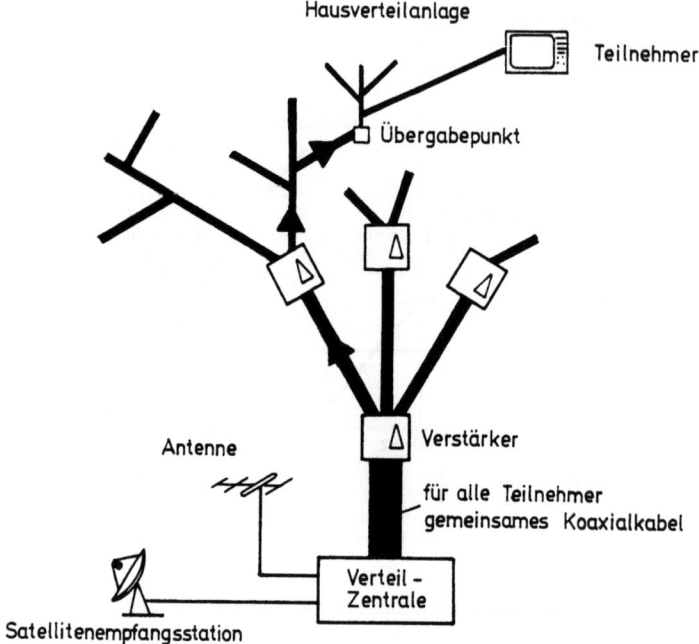

Abb. 2. Breitbandkabelnetz in Baumstruktur

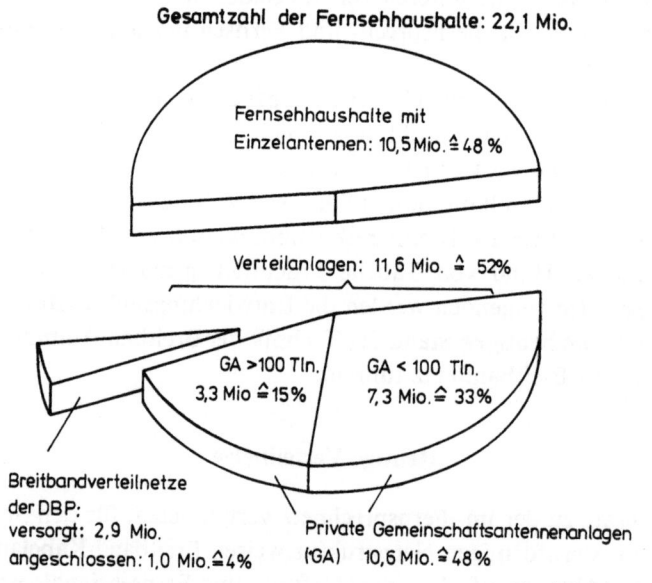

Stand: Ende 1984

Abb. 3. Prozentuale Aufgliederung der Antennen- und Verteilanlagen in der Bundesrepublik Deutschland

Tabelle 2. Beispiele für Nutzungsformen in Breitbandverteilnetzen

Art der Kommunikation	Beispiele für Programme und Dienste
Verteilen	Fernsehen (1., 2. und 3. Programm)
	Hörfunk (UKW)
	Lokale Programme
	Ausländische Programme
Eingeschränktes Verteilen (Zusatzeinrichtungen erforderlich)	Fernsehen gegen zusätzliches Entgelt (Pay-TV)
	Elektronischer Text (Videotext, Kabeltext)
	Standbilder (Dias)

bis zu den sog. Übergabepunkten geführt, an die sich dann die Hausverteilanlagen anschließen. Wegen der Baumstruktur können dem Teilnehmer zunächst nur Verteildienste, aber keine Vermittlungsdienste angeboten werden.

Wie Abb. 3 zeigt, sind etwa 11,6 Mio., d. h. 52% der insgesamt 22,1 Mio. Fernsehhaushalte in der Bundesrepublik Deutschland, bereits heute an eine Breitband-Kabelanlage angeschlossen, womit sie in der Regel mehr als drei Fernsehprogramme und eine große Zahl von Hörfunkprogrammen in ausgezeichneter Qualität empfangen können. Allerdings handelt es sich dabei häufig um relativ kleine Anlagen, denn nur etwa ein Drittel dieser Kabelhaushalte (4,3 Mio.) befindet sich in Anlagen mit mehr als 100 Anschlüssen.

An Breitbandverteilnetze der Deutschen Bundespost (sog. BK-Netze) waren Ende 1984 etwa 1 Million Teilnehmer angeschlossen, die vorhandenen BK-Netze würden aber den Anschluß von 2,9 Mio. Teilnehmern (entsprechend 13% aller Haushalte) erlauben. Wegen der verstärkten Ausbauaktivitäten wächst dieser Prozentsatz schnell und soll Ende 1985 22% und gegen Ende des Jahrzehnts etwa 50% betragen.

In derartigen Verteilnetzen erfolgt der Informationsfluß in der Richtung von der Verteilzentrale zu den Teilnehmern, ist also einseitig gerichtet. Daher können nur die Kommunikationskategorien „Verteilen" und „Beschränktes Verteilen" verwirklicht werden, wobei der letztere Begriff kennzeichnen soll, daß die Informationen nur von Teilnehmern empfangen werden können, die sich von dem unbeschränkten Teilnehmerkreis durch den Einsatz besonderer Endgeräte und meist auch die Zahlung zusätzlicher Gebühren unterscheidet. Tabelle 2 gibt einige Beispiele.

Erweiterte Nutzung von Verteilnetzen

Zu den Verteildiensten gehört insbesondere die Übertragung von Fernseh- und Hörfunkprogrammen, wobei die von der Deutschen Bundespost festgelegte

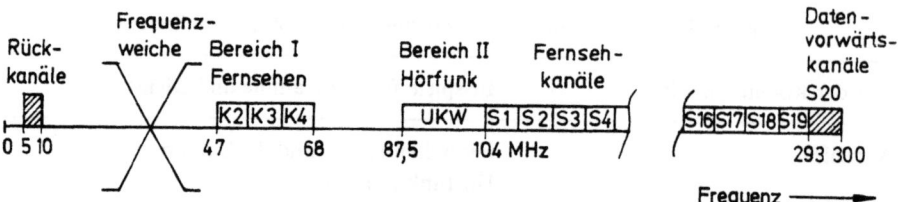

Abb. 4. Frequenzplan für Breitbandkommunikationsanlagen

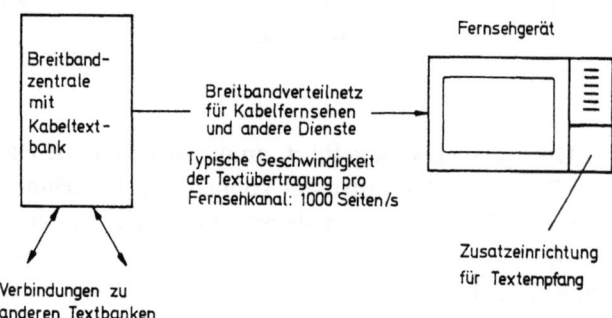

Abb. 5. Kabeltext (Prinzip)

Standardtechnik für Breitbandkommunikations(BK)-Anlagen zunächst 12 Kanäle mit Fernsehbandbreite sowie 24 UKW-Hörfunk-Kanäle vorsah. Wie Abb. 4 zeigt, können in dem Frequenzbereich von 47 – 300 MHz aber etwa 27 Kanäle mit Fernsehbandbreite belegt werden. Um dies zu ermöglichen, sind neuzeitliche Fernsehempfänger so ausgerüstet, daß sie den Empfang der Kanäle in den zusätzlichen Frequenzbereichen 108 – 174 MHz und 230 – 300 MHz ermöglichen. In Kürze wird der in BK-Anlagen zur Nutzung freigegebene Frequenzbereich sogar bis 440 MHz ausgedehnt.

Die für Fernsehen nicht genutzten Breitbandkanäle können für Dienste genutzt werden, die über das sog. Kabelfernsehen hinausreichen. So können derartige Kanäle beispielsweise für die schnelle Übermittlung elektronischer Texte eingesetzt werden, eine Telekommunikationsform, die die Bezeichnung *Kabeltext* (Abb. 5) trägt. Mit Kabeltext können dem Teilnehmer etwa 1000 Textseiten je Sekunde und je Fernsehkanal für seinen individuellen Zugriff angeboten werden, wodurch die bei Videotext infolge der niedrigen Übermittlungsgeschwindigkeit auftretenden Wartezeiten deutlich verkürzt werden und ein schnelles „Blättern" möglich wird. So könnte eine Art von „elektronischer Zeitung" entstehen [1].

Neue Koaxialkabel-Verteilnetze können mit relativ geringem Aufwand so erweitert werden, daß Rückkanäle zur Verfügung stehen, auf denen der Teilnehmer Signale zurück zur Zentrale senden kann. Damit wird eine ganze Reihe neuer, interaktiver Telekommunikationsdienste [2] möglich, zu denen das Abrufen

Tabelle 3. Beispiele für zusätzliche Nutzungsformen in Breitbandverteilnetzen

Art der Kommunikation	Beispiele
Abrufen durch Teilnehmer	Elektronischer Textabruf Abruf von Dia-Serien Kurzfilme
Abrufen durch Zentrale	Fernmessen Notrufe Einschaltquoten
Dialog mit Zentrale	Auskunftsdienste Interaktiver Unterricht Fernseheinkauf Buchung und Reservierung Spiele

von Texten und Bildern, das Erfassen von Informationen durch die Zentrale und die vielfältigen Möglichkeiten des Dialogs mit der Zentrale gehören. Tabelle 3 gibt hierfür einige Beispiele. Im Hinblick auf die vielen Fragen hinsichtlich der Nutzungsformen in Breitband-Kabelnetzen mit Rückkanälen und deren Akzeptanz hatte die Kommission für den Ausbau des technischen Kommunikationssystems (KtK) seinerzeit empfohlen [3], Pilotprojekte als Testbasis einzusetzen. In den Kabelfernsehpilotprojekten in Ludwigshafen und München (ab Mitte 1985 auch in Berlin und Dortmund) werden allerdings zunächst vor allem weitere Fernseh- und Hörfunkprogramme angeboten, und erst zu einem späteren Zeitpunkt sollen neue Nutzungsformen erprobt werden.

Die Standard-BK-Technik sieht vor, daß für die in der Rückwärtsrichtung zu übertragenden Daten, Texte, Abrufkommandos usw. der Frequenzbereich von 5 – 10 MHz verwendet wird. Dabei lassen sich die zur Trennung der beiden Frequenzbereiche für die Vorwärts- bzw. Rückwärtsrichtung erforderlichen Frequenzweichen mit geringem Aufwand realisieren, so daß die Erweiterung eines Baumnetzes auf ein rückkanalfähiges Netz nur geringe Zusatzinvestitionen erfordert. Allerdings benötigt der Teilnehmer ein Bediengerät zum Eintasten der Abrufbefehle und in der Zentrale muß eine rechnergesteuerte Datenbank installiert sein (Abb. 6).

In einer Dissertation [4] wurde gezeigt, daß durch eine Unterteilung des Frequenzbandes von 5 bis 10 MHz in 24 Unterkanäle und die Wahl geeigneter Übertragungsparameter die zahlreichen Probleme bei der Realisierung derartiger Rückkanalsysteme bewältigt werden können und jedem der Teilnehmer, selbst wenn alle gleichzeitig den Rückkanal nutzen wollen, eine effektive Übertragungsgeschwindigkeit von mindestens 600 bit/s zur Verfügung steht (Abb. 7).

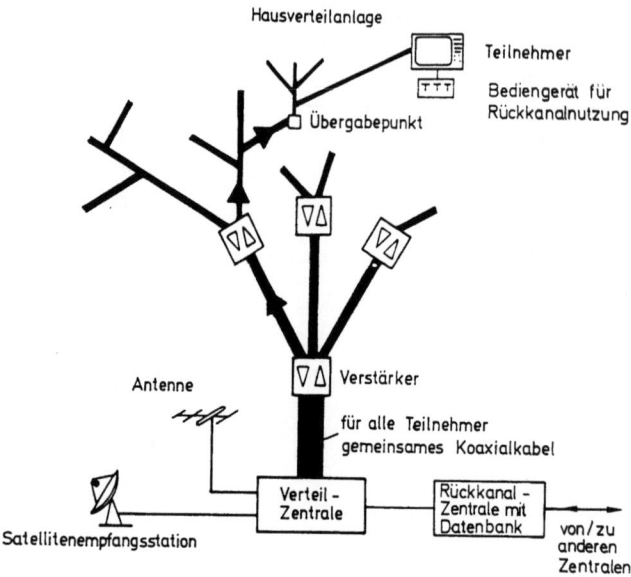

Abb. 6. Breitbandverteilnetz in Baumstruktur, das auf Rückkanalbetrieb erweitert wurde

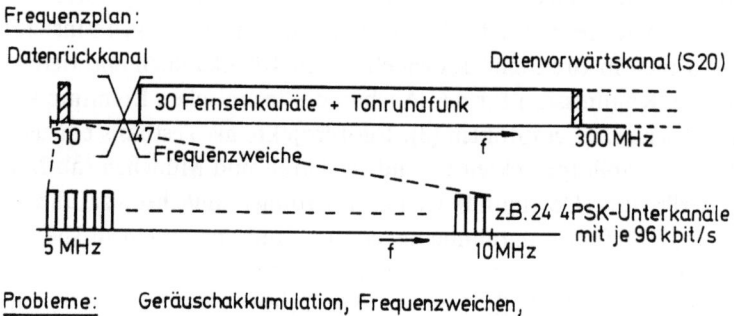

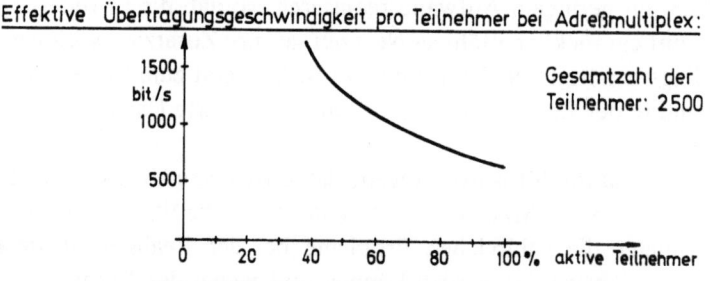

Abb. 7. Rückkanäle in Breitbandverteilnetzen

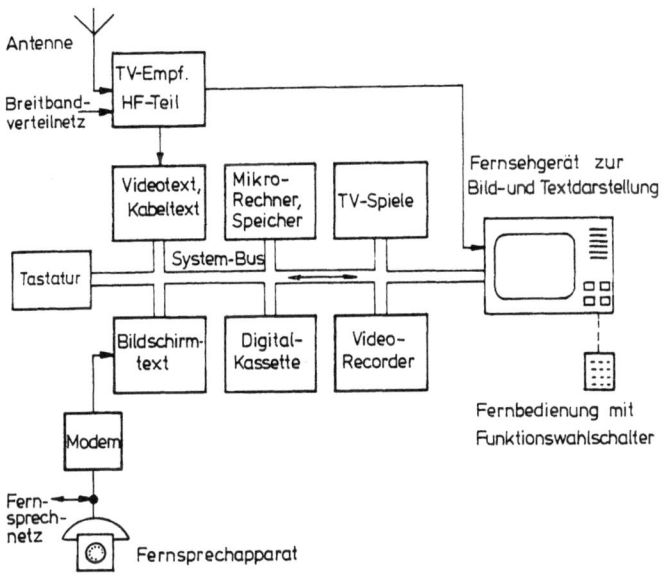

Abb. 8. „Intelligentes" Heim-Terminal

Auf dem Gebiet der Nutzung der Massenkommunikation zeigt sich deutlich der Wunsch und der Trend zu einer stärkeren Individualisierung. Der Heimfernsehempfänger entwickelt sich immer mehr zu einem vielseitig genutzten, „intelligenten" Heimterminal (Abb. 8), das neben der Wiedergabe von Fernsehsendungen allgemein zur Darstellung von Texten und Bildern eingesetzt werden kann und mit Hilfe eines eingebauten Mikrorechners häufig auch noch in der Lage ist, Text- und Datenverarbeitungsfunktionen durchzuführen. Damit wird eine breite Öffentlichkeit allmählich an den Umgang mit neuen Formen der Mensch-Maschine-Kommunikation herangeführt, wobei eine benutzerfreundliche Gestaltung der Bedienungsweise notwendig ist, um den Zugang zu diesen neuen Nutzungsformen zu erleichtern.

Satellitentechnik

In den vergangenen Jahrzehnten hat auch der Nachrichtensatellit als Übertragungsmedium für den internationalen Fernsprechverkehr sowie den Austausch von Fernsehprogrammen zwischen Ländern und Kontinenten immer mehr an Bedeutung gewonnen [5]. Wesentliche Fortschritte sind dabei der Raumfahrttechnik, insbesondere im Hinblick auf die inzwischen erreichbare Nutzlast der Trägerraketen und die verbesserte Stabilisierung der Satelliten, zu verdanken. Dies hat zum einen dazu geführt, daß in Satelliten größere Sendeleistungen installiert werden konnten, und zum anderen, daß durch die Verwendung großflächiger

Antennen eine schärfere Bündelung der Funkstrahlung vom Satelliten zu den Bodenstationen erreicht werden konnte. Dies führt zu einfacheren Bodenstationen, was den Einsatz der Satelliten innerhalb eines Landes begünstigt. Während der im Jahr 1965 erstmals in Betrieb genommene Fernmeldesatellit Intelsat I 240 Fernsprechkanäle erlaubte, können über den seit 1981 betriebenen Intelsat V bereits 12000 Ferngespräche gleichzeitig geführt und zusätzlich zwei Fernsehprogramme übertragen werden.

Alle diese Satelliten befinden sich auf einer geostationären Umlaufbahn, d. h. sie umrunden die Erde auf einem Orbitkreis in einer Höhe von etwa 35 800 km über dem Äquator genau einmal pro Tag und scheinen daher von der Erde aus gesehen stillzustehen (Abb. 9). Da es nur eine einzige derartig ausgezeichnete Umlaufbahn gibt, deuten sich über Nordamerika bereits Probleme der Verknappung möglicher Satellitenpositionen an.

Die Nachrichtensatelliten werden immer stärker für die direkte Datenkommunikation, den mobilen Verkehr, Verbindungen zwischen Schiffen und Flugzeugen, zur Navigation usw. eingesetzt, und die künftige Realisierung von Vermittlungsfunktionen in Satelliten wird die Einsatzmöglichkeiten weiter verbreitern. Gleichzeitig werden als Alternative zu den Satelliten Tiefseekabel mit immer größerer Kanalkapazität, in absehbarer Zukunft auch in Glasfasertechnik ver-

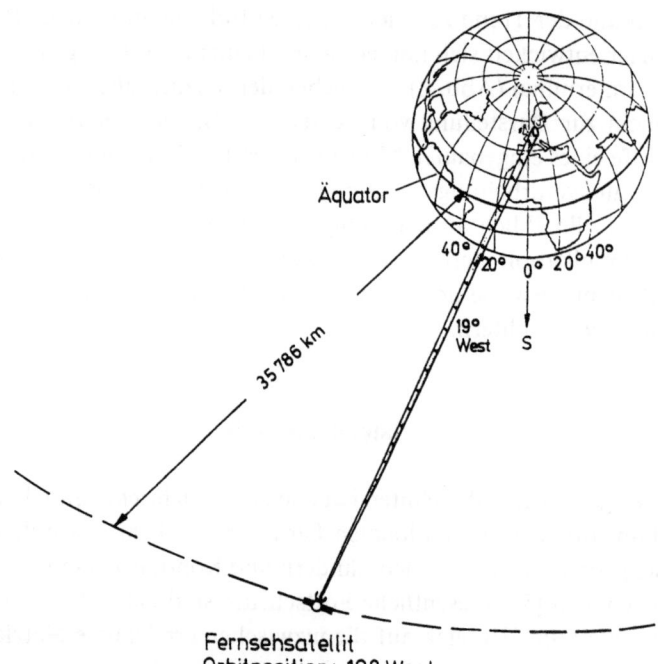

Abb. 9. Prinzip des geostationären Fernsehsatelliten zur Versorgung der Bundesrepublik Deutschland

legt. Alle diese neuen Übertragungstechniken sorgen dafür, daß die telekommunikativen Verbindungen zwischen allen Ländern und Regionen, bis hin zu den abgelegensten Orten unserer Erde, immer zahlreicher werden. Ein wesentlicher Vorteil der Satellitenkommunikation ist die Möglichkeit, relativ kurzfristig ein flächendeckendes Netz aufzubauen.

Bislang standen für die Rundfunkversorgung ausschließlich terrestrische Sendernetze zur Verfügung. Mit der Verfügbarkeit des European Communication Satellite (ECS) begann zu Anfang des Jahres 1984 die regelmäßige Ausstrahlung von Fernsehprogrammen in Europa. Grundsätzlich muß man zwischen Fernmelde- und Direktsatelliten unterscheiden.

Der Fernmeldesatellit ist für eine Nachrichtenverbindung zwischen festen Punkten ausgelegt. Er kann selbstverständlich auch zur Abstrahlung von Rundfunkprogrammen eingesetzt werden. Wegen der geringen Sendeleistung sind jedoch Empfangsanlagen mit erheblichem Aufwand (Antennendurchmesser mindestens drei Meter) erforderlich, die nur für die Einspeisung in größere Kabelverteilnetze wirtschaftlich vertretbar sind. Fernmeldesatelliten arbeiten nach internationalen Regeln auch in einem Frequenzbereich, der nicht dem Rundfunk, sondern dem festen Funkdienst über Satelliten zugeordnet ist.

Beim Rundfunk-Direktsatelliten hingegen erreicht man durch die Verwendung einer zehn- bis hundertfach größeren Sendeleistung und einer schärferen Bündelung der Ausstrahlung auf eine Richtkeule mit einem Öffnungswinkel von nur etwa 1° eine Leistungsflußdichte am Empfangsort von etwa $50 \cdot 10^{-12}$ Watt/m², so daß ein direkter Empfang von Fernsehprogrammen mit

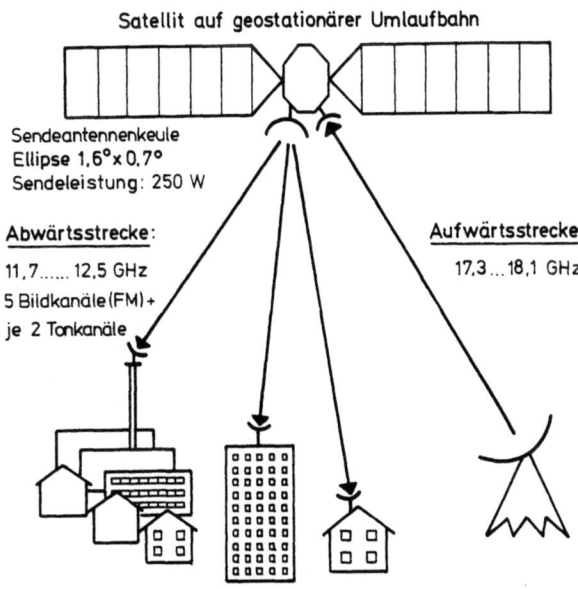

Abb. 10. Fernseh-Direktsatellit

einer Parabolspiegel-Empfangsantenne von nur etwa 0,9 m Durchmesser möglich wird. Auf der Funkverwaltungskonferenz (WARC 1977) in Genf wurden jedem Land fünf derartige Kanäle mit Fernsehbandbreite zugeteilt. Abb. 10 veranschaulicht das Prinzip der Betriebsweise. Die zur Ausstrahlung vorgesehenen Fernsehprogramme werden im 18 GHz-Frequenzbereich von den zugehörigen Bodenstationen zum Satelliten übertragen und dort von sog. Transpondern mit hoher Sendeleistung im 12 GHz-Bereich wieder abgestrahlt, damit sie von den vielen Empfangsanlagen innerhalb des Versorgungsbereichs aufgefangen werden können.

Wie Abb. 9 veranschaulicht, befindet sich der für die Bundesrepublik Deutschland vorgesehene Fernseh-Direktsatellit in einer Orbitposition 19° West und kann fünf Fernsehprogramme ausstrahlen, wobei die Richtkeule das gesamte Gebiet der Bundesrepublik einschließlich Berlin „ausleuchtet". Durch die teilweise Überlappung der Richtkeule der für die angrenzenden Länder zugelassenen Kanäle (Abb. 11) können an vielen Orten mehr als fünf Satellitenprogramme empfangen werden. Besonders vorteilhaft ist die Einspeisung der empfangenen

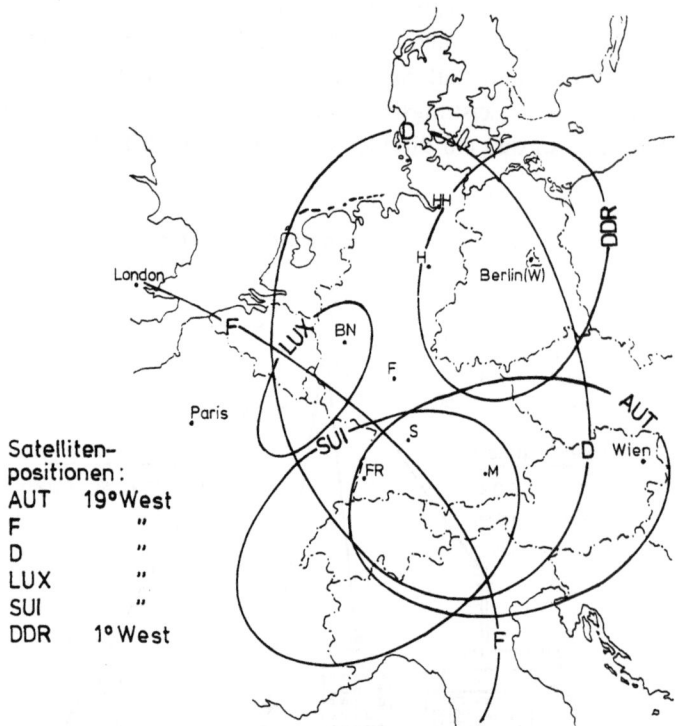

Abb. 11. Versorgungsbereiche einiger mitteleuropäischer Länder. An den Bereichsgrenzen beträgt die Leistungsflußdichte des empfangenen Signals 50 pW/m². Außerhalb dieser Grenzen ist mit erhöhtem Antennenaufwand ebenfalls Empfang möglich

Programme in Gemeinschafts- oder Kabelfernsehanlagen. Bereits heute sind in USA einige tausend Bodenstationen für diesen Zweck eingesetzt.

Tabelle 4 gibt einen Überblick über die vorhandenen und geplanten Möglichkeiten zum Empfang von Rundfunkprogrammen via Satellit in der Bundesrepublik Deutschland. Im April 1980 haben die Regierungen der Bundesrepublik Deutschland und Frankreichs ein Abkommen geschlossen, welches die technisch-industrielle Zusammenarbeit beider Länder auf dem Gebiet der Rundfunk-Direktsatelliten zum Gegenstand hat. Das Programm umfaßt die Entwicklung, die Fertigung, den Start und die Positionierung im Orbit von zwei baugleichen Rundfunksatelliten, die in ihrer funktechnischen Auslegung den Festlegungen der Genfer Satelliten-Konferenz von 1977 (WARC 77) entsprechen. Beide Satelliten (TV-SAT für Deutschland und TDF für Frankreich) sollen ab 1986 für die Programmausstrahlung zur Verfügung stehen. Der Direktsatellit für die präoperationelle Phase wird zunächst 2 Fernsehsignale und anstatt des dritten Fernsehsignals 16 Stereo-Hörfunksignale ausstrahlen. Direktsatelliten für die operationelle Phase sind noch in der Diskussion. Im Fernmeldesatelliten ECS hat die Deutsche Bundespost zwei Fernsehkanäle gemietet, wovon der sog. Westbeam-Kanal der Anstalt für Kabelkommunikation in Ludwigshafen und damit dem

Tabelle 4. Satellitenrundfunk in der Bundesrepublik Deutschland

	Bezeichnung	Kanäle	Frequenz-bereich (GHz)	Erforderlicher Durchmesser der Parabol-spiegelantenne	Übertragung / Nutzung
Direktsatellit	**TV-Sat** Orbit: 19° West Präoperationell (1986)	3 TV oder 2 TV und 16 Hörfunk	11,7–12,5	0,6–0,9 m für Einzelanlagen 1,2 m für Einspeisung in Kabelnetze	Direktempfang oder Einspeisung in Kabelnetze
	Operationell (1987/88)	5 TV oder 4 TV und 16 Hörfunk			
Fernmeldesatelliten	**ECS** 10° Ost Westbeam (1984)	1 TV	10,95–11,7	2,4 m	Einspeisung in Kabelnetze: AKK/PKS u.a. (Pilotprojekte Ludwigshafen u. München)
	Ostbeam (1984)	1 TV		3 m	ZDF/ORF/SRG
	DFS 23,5° Ost Deutscher Fernmeldesatellit "Kopernikus" (1987)	Insgesamt 11 Kanäle, davon max. 7 für Fernsehen	11,45–11,7 und 12,5–12,75	3 m	Außer für Fernsehen auch für: Fernsprechen Text- u. Datenkommunikation Videokonferenz
	Intelsat V 57° Ost (1985)	max. 6 TV	10,95–11,7	3 m	Über Vergabe noch nicht entschieden

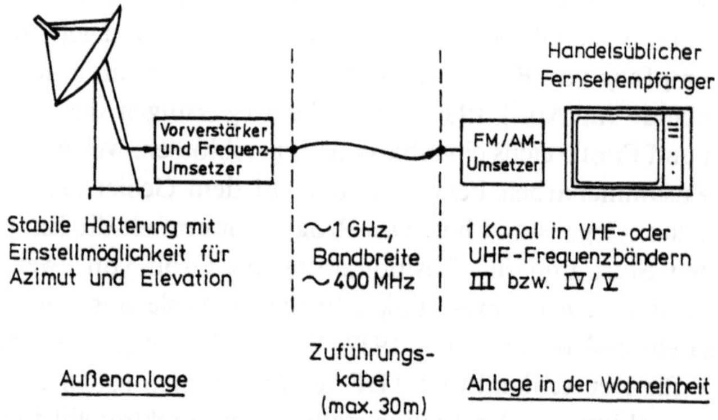

Abb. 12. Einrichtung zum direkten Empfang eines von einem Direktsatelliten abgestrahlten Fernsehprogramms

Sat1-Gremium und der Ostbeam-Kanal dem aus ZDF, ORF und SRG gebildeten 3Sat-Konsortium zugeordnet wurden. Weitere Möglichkeiten wird der für 1987 vorgesehene deutsche Fernmeldesatellit „Kopernikus" bieten. Dazu treten weitere internationale Satellitenprojekte, so daß der bisher bestehende Frequenzengpaß deutlich aufgelockert wird.

Der Empfang eines einzelnen, von einem Direktsatelliten abgestrahlten Fernsehprogramms kann mit einer einfachen Antennenanlage (Abb. 12) erfolgen, deren Preis (einschl. Montage) bei Mengenproduktion auf 1000–2000 DM geschätzt wird. Die Parabolspiegelantenne zum phasenrichtigen Bündeln der ankommenden Strahlen muß mit hoher Genauigkeit ($<1°$) auf den Satelliten ausgerichtet sein, der sich scheinbar stationär 35 800 km hoch über dem Atlantik – etwa auf halbem Weg zwischen Monrovia und Pernambuco – befindet. Dies bedeutet für die Bundesrepublik einen Elevationswinkel von 25 ... 28° und einen Azimutwinkel von 211 ... 220°. Vom süddeutschen Raum aus betrachtet entspricht die Position des Satelliten etwa dem Sonnenstand Anfang März bzw. Anfang Oktober nachmittags kurz nach 14 Uhr. Damit sind die von terrestrischen Rundfunkausstrahlungen her bekannten Abschattungsprobleme durch Berge und Hochbauten ganz wesentlich reduziert.

Da im Hinblick auf eine geringe Störbeeinflussung die Signale vom Satelliten in frequenzmodulierter Form abgestrahlt werden, ist in der Wohnung des Teilnehmers zusätzlich zum Fernsehempfänger ein FM/AM-Umsetzer notwendig, der selbstverständlich auch in das Fernsehgerät miteingebaut sein kann.

Technik der optischen Nachrichtenübertragung

Während sich die Telekommunikation in den vergangenen Jahrzehnten in eher ruhigen Bahnen weiterentwickelte, befindet sie sich derzeit im Umbruch

Entwicklungslinien der Breitbandkommunikation

- von der Analogtechnik zur Digitaltechnik
- von den Einzelnetzen zu einem integrierten Netz und
- von Kupferkabeln zu Lichtwellenleiterkabeln.

Bestimmend für diesen schnellen Wandel sind die in Tabelle 5 aufgeführten starken innovativen Kräfte. Dabei kommt der Mikroelektronik eine Schrittmacherfunktion zu. Die Anzahl der Transistorfunktionen, die auf einem Siliziumplättchen (Chip) untergebracht werden können, verdoppelt sich alle 2–3 Jahre. Gleichzeitig fallen die Kosten je Transistorfunktion im reziproken Verhältnis, so daß die Kosten je Chip trotz steigender Komplexität etwa konstant bleiben. Bereits heute ist die Miniaturisierung der Halbleiterbausteine schon so weit fortgeschritten, daß mehrere hunderttausend Transistorfunktionen auf einem Siliziumchip untergebracht sind, und in Kürze werden Chips mit 1 oder gar 4 Mio. Transistorfunktionen auf dem Markt erscheinen. Damit eröffnen sich Möglichkeiten, die noch vor 1–2 Dekaden aus Aufwandsgründen für eine allgemeine Einführung nicht in Frage kamen. So gestatten mikroelektronische Bausteine die Einführung digitaler Telekommunikationssysteme (wie im folgenden Kapitel näher ausgeführt wird), stärker an den menschlichen Benutzer angepaßte Dienste, z. B. bei der Textkommunikation, und Rechnerunterstützung für praktisch jedermann und an jedem Ort.

Die optische Nachrichtenübertragung auf Lichtwellenleitern (Glasfasern) hat in den vergangenen Jahren große Fortschritte gemacht und verspricht, eine Alternative zu der heute verwendeten elektrischen Übertragung auf Kupferleitungen zu werden. Ein optisches Nachrichtenübertragungssystem (Abb. 13) besteht aus einem Lichtsender, der das elektrische Signal in ein Lichtsignal umwandelt, einer extrem dünnen Glasfaser, in der das Licht geführt wird, und einer Photodiode als Lichtempfänger, in der das Licht wieder in elektrischen Strom zurückverwandelt

Tabelle 5. Innovative Kräfte für die evolutionäre Weiterentwicklung der Telekommunikation

---

Mikroelektronik ermöglicht
- digitale Übertragungs- und Vermittlungstechnik
- Signalprozessoren
- „intelligentere" Endgeräte
- dezentrale Text- und Datenverarbeitung

Satellitentechnik zur
- breitbandigen Verbindung von Netzinseln
- Verteilung von Fernsehsignalen

Optische Nachrichtenübertragung ermöglicht
- höhere Übertragungsgeschwindigkeit
- größeren Verstärkerabstand

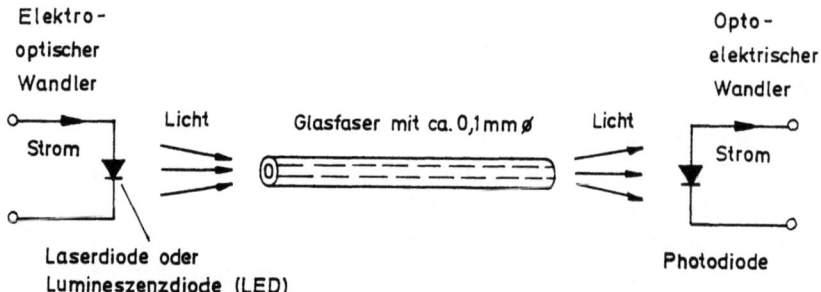

Abb. 13. Prinzip eines optischen Übertragungssystems

wird. Die elektro-optische Wandlung erfolgt in der Weise, daß in einer Laserdiode (LD) oder in einer Lumineszenzdiode (LED) Licht erzeugt wird, dessen Intensität (Helligkeit) proportional ist zu der Stärke des Stromes, der durch die Diode fließt.

Der in die Lichtleitfaser eingekoppelte Lichtstrahl wird durch Totalreflexion an der Grenzschicht, die den Faserkern umgibt, sehr verlustarm im Innern der Faser über große Entfernungen geführt. Zur Erzeugung dieser Grenzschicht muß das für die Faser verwendete Quarzglas im Faserkern einen geringfügig (ca. 1%) höheren Brechungsindex n_K als im Fasermantel (n_M) haben.

Abb. 14 veranschaulicht das Snellius'sche Brechungsgesetz, das die Verhältnisse sowohl bei der Einkopplung des Lichtstrahls in die Faser als auch bei der Weiterleitung beschreibt. Unterhalb eines bestimmten Lichteinfallwinkels γ_L, dessen Sinus als numerische Apertur A_N bezeichnet wird, und des sich hieraus ergebenden Grenzwinkels γ_K, kann ein Lichtstrahl den Kern nicht mehr verlassen. Das angegebene Zahlenbeispiel mit $n_K/n_M = 1{,}01$ läßt erkennen, daß nur solche Lichtstrahlen durch Totalreflexion weitergeleitet werden, deren Grenzwinkel $\gamma_K \leq 8°$ beträgt. Die übrigen Anteile der Lichtstrahlung treten in den Fasermantel aus und gehen für die Lichtübertragung verloren.

Wie Abb. 15 veranschaulicht, legen schräg eingekoppelte Lichtstrahlen innerhalb der Kernzone einen längeren Weg zurück als Strahlen, die parallel zur Faserachse eingekoppelt werden. Mit einem kurzen Lichtimpuls gleichzeitig gestartete Strahlen verschiedener Einfallswinkel benötigen daher unterschiedlich lange bis zu ihrem Eintreffen am Faserende. Anstelle eines einzigen kurzen Impulses kommt dort eine Folge nacheinander eintreffender Teilimpulse (Moden) an, die sich zu einem verbreiterten Empfangsimpuls der Dauer Δt_{Mo} zusammenfügen. Einzeln gesendete Lichtimpulse können daher auf der Empfangsseite nur unterschieden werden, wenn ein bestimmter Impulsabstand nicht unterschritten wird. Dieser Effekt, der als *Modendispersion* bezeichnet wird, entspricht einer Beschränkung der maximal übertragbaren Frequenz ähnlich wie bei der elektrischen Übertragung, so daß auch eine Glasfaser eine begrenzte Bandbreite aufweist. Diese „Grenzfrequenz" $f_g = 1/2\Delta t_{Mo}$ ist von der Faserlänge abhängig, so daß

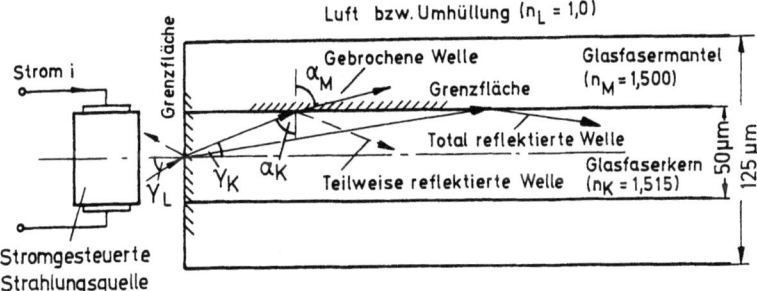

Snellius'sches Brechungsgesetz: $n_x \sin\alpha_x = n_y \sin\alpha_y$

Einkopplung in Glasfaser: $n_L \sin\gamma_L = n_K \sin\gamma_K$

Numerische Apertur $A_N = \sin\gamma_L = n_K \sin\gamma_K = n_K\sqrt{1-\cos^2\gamma_K} = \sqrt{n_K^2 - n_M^2}$

Beispiel: $\gamma_L = 12°$ bei $\gamma_K = 8°$

Weiterleitung:

Grenzwinkel der Totalreflexion für $\alpha_M = 90°$ d.h. $\alpha_K = \arcsin \frac{n_M}{n_K}$

Beispiel: $\gamma_K = 90° - \alpha_K = 8°$

Abb. 14. Einkopplung und Weiterleitung des Lichtstrahls

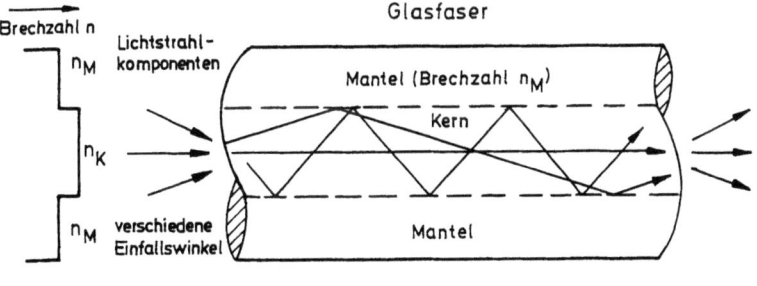

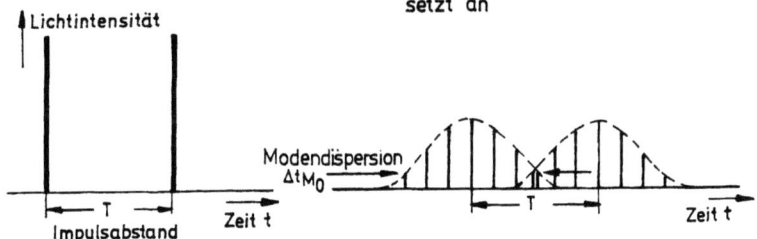

Abb. 15. Modendispersion in einer Glasfaser mit stufenförmigem Verlauf der Brechzahl

man die ausnutzbare Modulationsbandbreite überlicherweise als Bandbreite-Länge-Produkt BL in MHz · km angibt.

Im Gegensatz zu einem Lichtwellenleiter mit stufenförmigem Übergang der Brechzahl n_K des Kerns zu derjenigen des Mantels n_M nimmt bei der Gradientenfaser durch genau dosierte Zusätze zum Quarzmaterial die Brechzahl des Kerns annähernd parabelförmig auf den Wert von n_M ab. Entsprechend diesem Brechzahlprofil wird ein unter schiefem Winkel eingekoppelter Strahl zum dichteren, stärker brechenden Kerninneren zurückgebeugt. Er legt dabei zwar einen längeren Weg zurück als ein Achsenstrahl, pflanzt sich aber in den schwächer brechenden Randzonen schneller fort, so daß eine deutliche Verringerung der Modendispersion und damit eine Erhöhung des Bandbreite-Länge-Produkts erreicht wird. Die typische Bandbreite einer Gradientenfaser von 1 km Länge mit BL = 1000 MHz · km ist in Abb. 1 dargestellt. Man erkennt, daß Lichtwellenleiter für die Breitbandkommunikation besonders geeignet sind. In Abb. 16 ist der Modenverlauf in typischen Glasfasern mit den zugehörigen Brechzahlprofilen dargestellt.

Der Effekt der Modendispersion kann vermieden werden, wenn man den Kerndurchmesser bei einem Stufenprofil-Lichtwellenleiter so klein macht (z. B. 5 µm), daß sich nur ein einziger Ausbreitungsmodus in Achsennähe ausbilden kann. Man spricht dann von Monomodefasern, deren Bandbreite-Länge-Produkt um 1 – 2 Größenordnungen höher liegt als bei Gradientenfasern. Ihre Her-

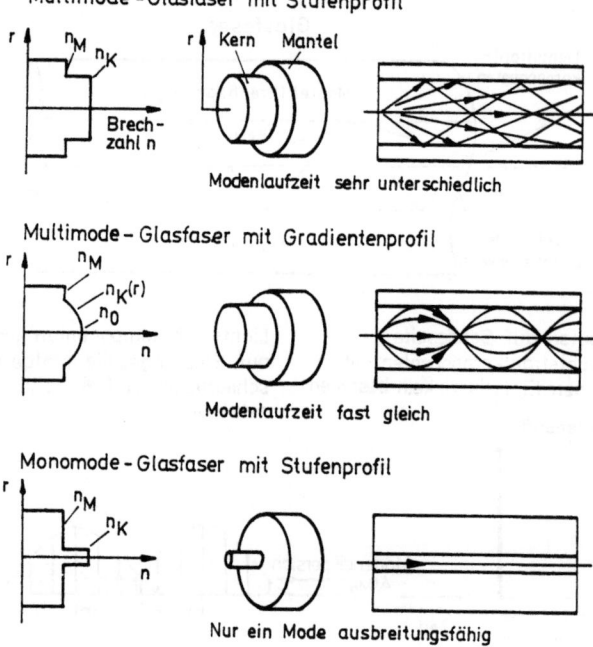

Abb. 16. Brechzahlprofile und Lichtwege in Glasfasern

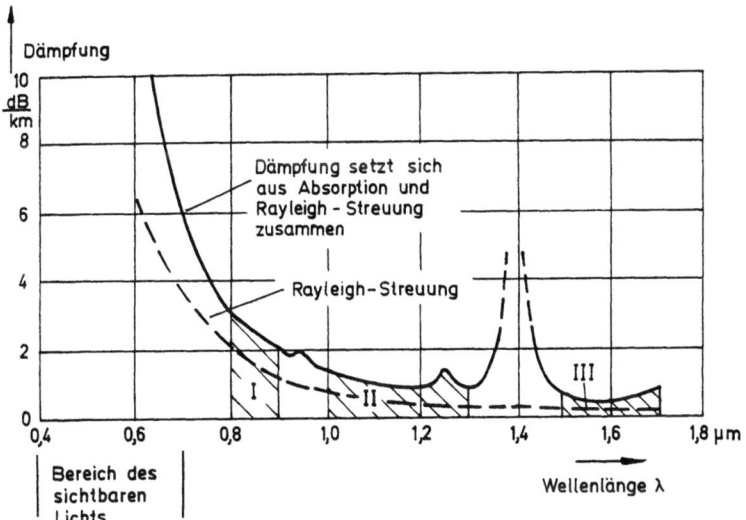

Abb. 17. Optische Dämpfung in einer Glasfaser als Funktion der Wellenlänge

stellung und Handhabung ist schwieriger als bei der heute meistens verwendeten Gradientenfaser, so daß sie vorläufig nur bei hochwertigen Übertragungsstrecken eingesetzt wird.

Während normales Fensterglas bei einer Dicke von 1 m nahezu undurchsichtig ist, nimmt die Intensität eines Lichtstrahls in einer für die optische Nachrichtenübertragung geeigneten Glasfaser auf einem Kilometer Länge nur um etwa ein Drittel ab. Diese geringe Dämpfung erreicht man durch die Verwendung von hochreinem synthetischem Quarzglas. In Abb. 17 kann man den wellenlängenabhängigen Verlauf dieser Dämpfung erkennen. Die unvermeidlichen Restinhomogenitäten führen zu internen Streuverlusten, die mit wachsender Wellenlänge proportional zu $1/\lambda^4$ abnehmen, wobei diese als Rayleigh-Streuung bezeichnete Dämpfung etwa 0,8 dB/km bei $\lambda = 1$ µm beträgt. Überlagert sind weitere Absorptions- und Streuverluste, die durch Verunreinigungen entstehen. Vor allem im Bereich um 1,4 µm führen Restmengen von OH-Ionen zu deutlichen Dämpfungsspitzen. Üblicherweise nutzt man die Glasfaser — abhängig von den zur Verfügung stehenden Wandlern — in den drei Bereichen (Fenstern) I – III im nahen und mittleren Infrarotbereich.

Abb. 18 gibt typische Werte für eine Lumineszenzdiode (LED) bzw. eine Laserdiode (LD) als optische Sendequellen. Obwohl die Strahlungsleistung der beiden Dioden in derselben Größenordnung liegt, emittiert die Laserdiode eine sehr viel höhere Lichtleistung in die Glasfaser, da die strahlende Fläche klein ist und durch die stimulierte Emission (Lasereffekt oberhalb eines bestimmten Schwellenstromes) ein lawinenartiges Anwachsen der Photonenzahl entsteht, das als kohärente Strahlung eine scharfe Bündelung aufweist. Dementsprechend weist die

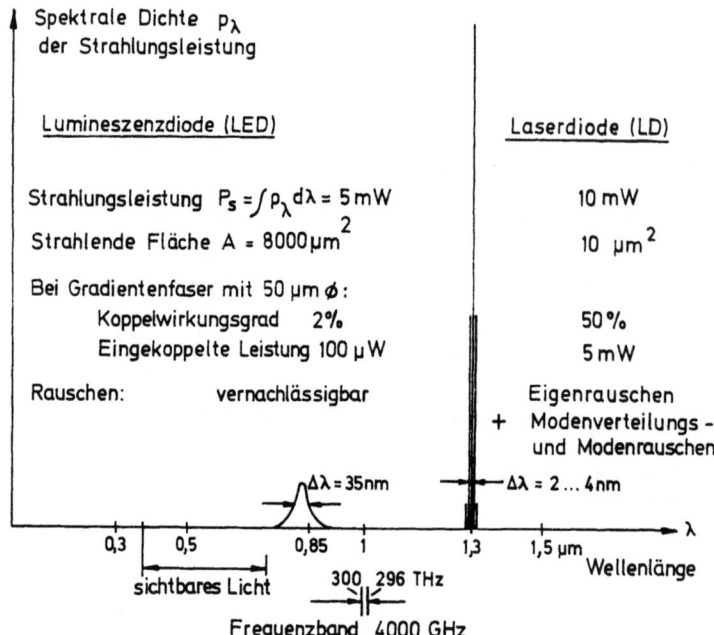

Abb. 18. Typische Werte für eine Lumineszenzdiode bei $\lambda = 0{,}83$ µm und eine Laserdiode bei $\lambda = 1{,}3$ µm

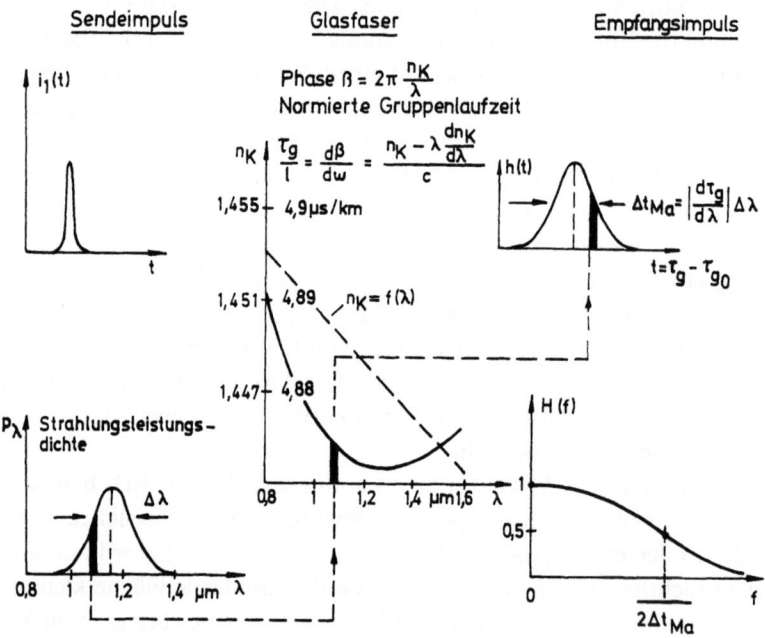

Abb. 19. Materialdispersion durch die Abhängigkeit der Brechzahl n_K von der Wellenlänge λ

spektrale Dichte p_λ der Strahlungsleistung eine geringe Breite $\Delta\lambda = 2 \cdots 4$ nm auf. Auch lassen sich Laserdioden bis zu 2 GHz und mehr modulieren.

Im Gegensatz hierzu haben Lumineszenzdioden einen etwa um den Faktor 10 breiteren spektralen Verlauf der Strahlungsleistungsdichte und wegen der spontanen, ungebündelten Emission von Licht einen sehr viel geringeren Koppelwirkungsgrad. Abb. 18 zeigt beispielhaft auch die enorme Breite des für die optische Übertragung nutzbaren Frequenzbereichs.

Neben der Modendispersion Δt_{Mo} gibt es auch noch eine *Materialdispersion* Δt_{Ma}, die durch die Abhängigkeit der Brechzahl n_K von der Wellenlänge λ hervorgerufen wird. Wegen $n_K = c/v$ ist damit auch die Fortpflanzungsgeschwindigkeit v eine Funktion von λ. Wie Abb. 19 zeigt, ergeben sich für eine Strahlung mit verschiedenen Wellenlängen λ unterschiedliche Werte für die Gruppenlaufzeit τ_g, die dazu führen, daß aus dem zeitlich sehr kurzen Sendeimpuls ein Empfangsimpuls mit der angenäherten Dauer Δt_{Ma} entsteht. In der Nähe von $\lambda = 1,3$ µm hat die Tangente an die Gruppenlaufzeitkurve die Steigung 0, so daß dort die Materialdispersion verschwindet. Die Materialdispersion wird um so größer, je breiter das Spektrum der Strahlungsleistungsdichte p_λ ist. Sie ist daher für Lumineszenzdioden mit ihren Spektralbreiten $\Delta\lambda = 20 \cdots 40$ nm besonders groß.

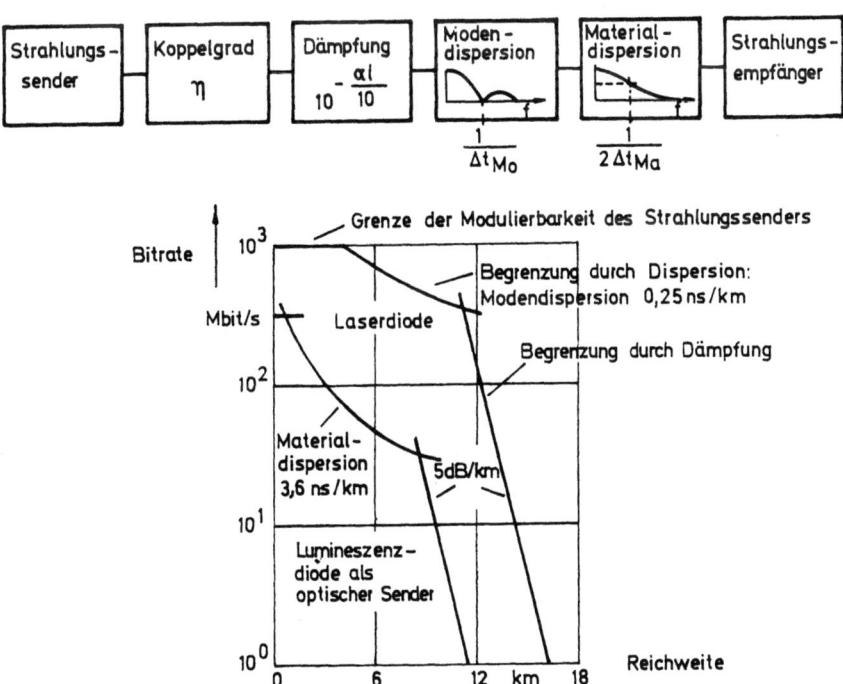

Abb. 20. Durch Dispersion und Dämpfung einer Gradientenfaser begrenzte Reichweite bei digitalem Übertragungssystem

Faßt man die geschilderten Effekte zusammen, so ergibt sich für ein digitales optisches Übertragungssystem das in Abb. 20 gezeigte Blockschaltbild. Das vom Sender abgestrahlte impulsförmige Lichtsignal wird mit dem Koppelwirkungsgrad η in die Gradientenfaser eingekoppelt, auf dem Übertragungsweg gedämpft und sowohl durch Moden- als auch Materialdispersion zu einem Signal mit breiteren, sich teilweise überlappenden Impulsen verformt, und dann im Strahlungsempfänger in ein elektrisches Signal zurückverwandelt. Die beiden Kurven in Abb. 20 zeigen für LED- bzw. LD-Systeme den Zusammenhang zwischen der Bitrate, d. h. der Zahl der Impulse je Sekunde, und der Reichweite in km, bestimmt durch die Dämpfung der Glasfaser, den Einfluß der Dispersion und die Grenze der Modulierbarkeit der Sendediode.

Für die Einkopplung von Licht in Monomodefasern kommen im allgemeinen nur Laserdioden in Betracht, so daß der Effekt der Materialdispersion hier vernachlässigbar klein ist. Abb. 21 zeigt die sich durch Moden- und Materialdispersion ergebenden Bandbreite-Länge-Produkte [6], die angenähert der Beziehung

$$BL \approx \frac{1}{2\sqrt{\Delta t_{Mo}^2 + \Delta t_{Ma}^2}}$$ gehorchen.

Neben den geschilderten Effekten ist beim Aufbau eines optischen Übertragungssystems auf weitere Punkte zu achten. So soll Abb. 22 veranschaulichen, daß Glasfasern mit hoher Präzision verbunden werden müssen, um Zusatzdämpfungen oder auch Modenumwandlungen zu vermeiden [7].

Die aus Abb. 1 erkennbare Bandbreite eines Lichtwellenleiters mit Gradientenindexprofil würde es erlauben, sehr viele Fernsehprogramme in Restseiten-

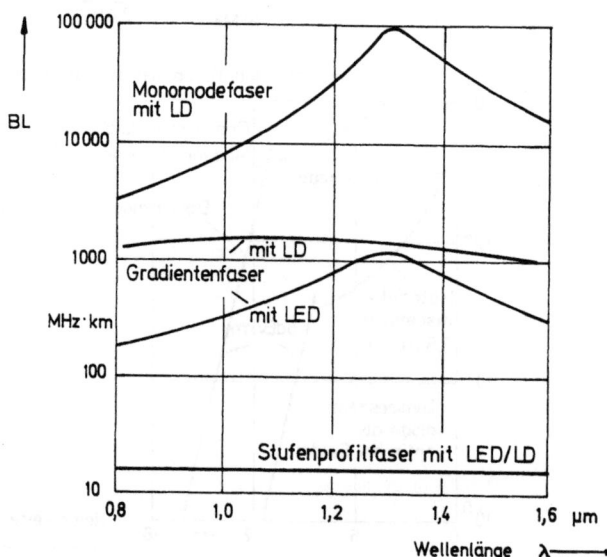

Abb. 21. Bandbreite-Länge-Produkt BL als Funktion der Wellenlänge bei den verschiedenen Arten von Glasfasern

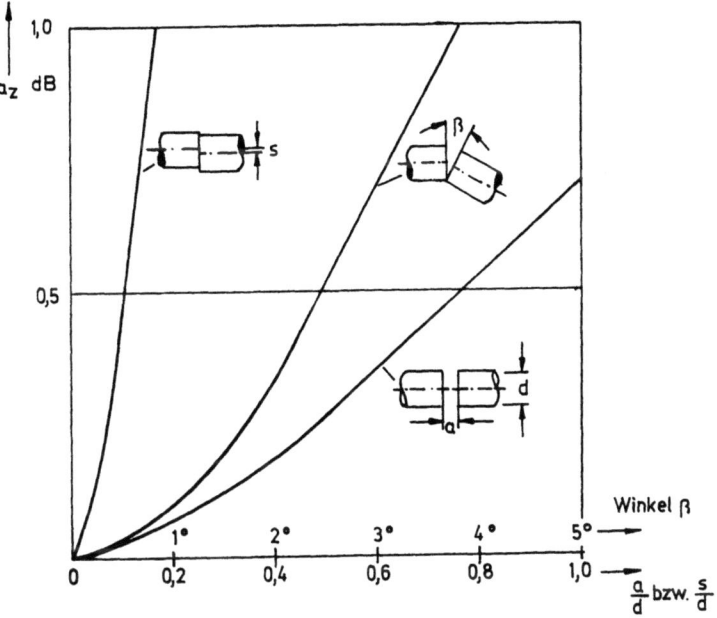

Abb. 22. Zusatzdämpfung a_z durch Fehler beim Verbinden von Glasfasern

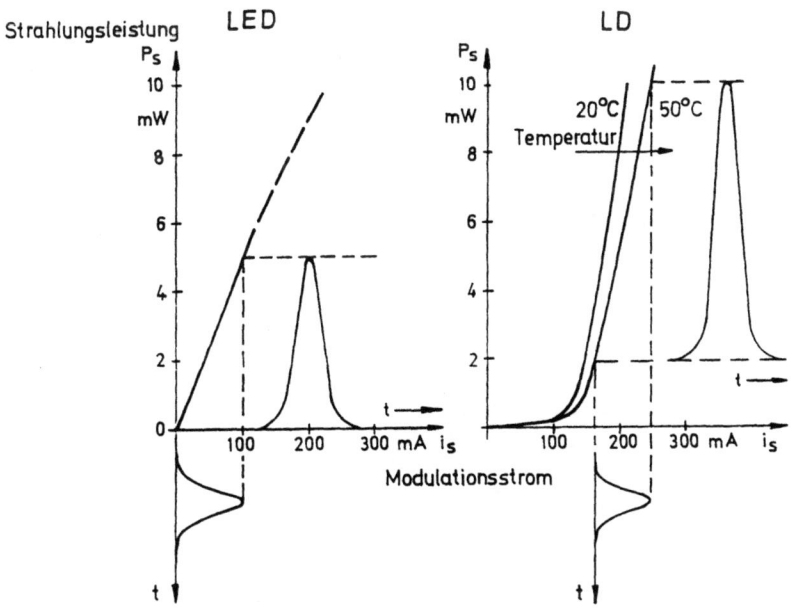

| Modulationssteilheit: | 50 mW/A | 90 mW/A |
| Typ. Modulationsbandbreite: | 300 MHz | 2 GHz |

Abb. 23. Statische Modulationskennlinien von LED und LD

band-Amplitudenmodulation gleichzeitig zum Teilnehmer zu übertragen. Leider weisen die Kennlinien (Abb. 23) von Laserdioden, aber auch von Lumineszenzdioden, keine ausreichende Linearität auf und führen bei dieser Betriebsweise zu einer hohen Intermodulation d. h. zu einer gegenseitigen Beeinflussung der Fernsehsignale. Der funktionelle Zusammenhang zwischen der zur Ansteuerung dienenden Änderung des Modulationsstroms und der dadurch hervorgerufenen Änderung der Strahlungsleistung ist nicht in ausreichendem Maße linear. Die Kennlinie der Laserdiode ist darüber hinaus stark temperaturabhängig und zeigt, daß der Lasereffekt erst oberhalb eines Schwellstromes von etwa 100 $\cdots$ 150 mA einsetzt. Untersuchungen [8] haben gezeigt, daß eine Linearisierung der in einem derartigen Übertragungssystem als Lichtsender verwendeten Laserdiode durch eine Gegenkopplung wegen der viel zu großen Schleifenlaufzeit nicht möglich ist. Dagegen brachte eine Anordnung zur Vorverzerrung nach Abb. 24 eine Verbesserung der Klirrdämpfungswerte a_{k2} und a_{k3} um etwa 20 dB.

Bei geeigneter Einstellung der Hilfsnichtlinearität lassen sich damit bis zu 6 Fernsehsignale mit ausreichendem Intermodulationsabstand übertragen. Es zeigte sich jedoch auch, daß der analogen Übertragung in der ursprünglichen Restseitenbandlage enge Grenzen gesetzt sind und daß eine digitale Übertragung – allerdings mit sehr viel höherem Bedarf an Bandbreite – vorzuziehen ist.

Die aus heutiger Sicht erkennbaren Vor- und Nachteile der optischen Nachrichtenübertragung auf Lichtwellenleiter-Kabeln sind in Tabelle 6 aufgeführt.

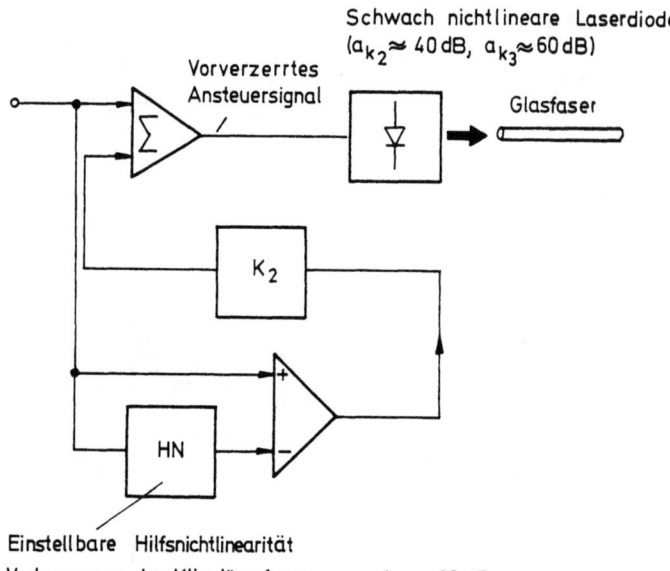

Abb. 24. Erhöhung der Linearität einer Laserdiode durch Vorverzerrung des Steuersignals

Tabelle 6. Vor- und Nachteile der optischen Nachrichtenübertragung

Vorteile:
- Geringe Dämpfung → wenige oder keine Zwischenverstärker
- Große Bandbreite → große Übertragungskapazität
- Geringes Gewicht und geringer Faserdurchmesser
- Unempfindlich gegenüber elektromagnetischen Störquellen
- Kein Übersprechen auf Nachbarfasern

Nachteile:
- Relativ hohe Kosten (teurer Herstellungsprozeß, elektro-optische Wandlung)
- Schwierigere Verbindungstechnik
- Fernspeisung praktisch nicht möglich

Besonders wichtig sind die geringe Dämpfung, die bewirkt, daß das eingekoppelte Licht unverstärkt über große Distanzen geleitet werden kann, und die große Bandbreite, die einen hohen Wert der Übertragungskapazität ergibt.

Nachteilig sind der zumindest heute noch teuere Herstellungsprozeß der Glasfaser, die technologisch schwierigere Verbindungstechnik und die zusätzlichen Kosten für die elektro-optischen und opto-elektrischen Wandler mit der zugehörigen Elektronik. Hier lassen aber technologische Weiterentwicklungen, die Fertigung großer Mengen und die Fortschritte in der Mikroelektronik eine deutliche Verbesserung der Situation erwarten. Gelegentlich wird auch das Fehlen der Möglichkeit, gleichzeitig elektrische Leistung zur Fernspeisung von Zwischenverstärkern und Endeinrichtungen übertragen zu können, als nachteilig empfunden.

Die Entwicklung der optischen Nachrichtenübertragung ist noch stark im Fluß, so daß ständig neue Erfolgsmeldungen über die ohne Verstärker überbrückbare Entfernung bzw. die erreichbare Übertragungsgeschwindigkeit zu verzeichnen sind. Daneben sind weltweit aber auch sehr intensive Bemühungen im Gange, die Kosten der optischen Nachrichtenübertragung durch die Verbesserung der Produktionstechnik für Massenfertigung weiter zu verringern.

Der heutige Stand optischer Übertragungssysteme ist in Tabelle 7 wiedergegeben. Im Weitverkehr kommen die wesentlichen Vorteile der optischen Nachrichtenübertragung, nämlich geringe Dämpfung der Lichtwellenleiter und große Bandbreite, voll zum Tragen. Daher sind optische Übertragungssysteme in der Fernebene bereits heute wirtschaftlicher als entsprechende Koaxialkabelsysteme.

Wegen der großen Bandbreite und des Bündelungseffekts verteilt sich der Aufwand beim schmalbandigen Fernsprechen auf viele Teilnehmer. Ganz anders werden die Verhältnisse, wenn Bildfernsprechsignale mit hohen Bitraten (z. B. 140 Mbit/s) übertragen werden müssen. Dann entfallen die Aufwendungen auf nur wenige Nutzer, so daß erwartet werden muß, daß eine kostengerechte Gebühr für Bildfernsprechen eine starke Entfernungsabhängigkeit aufweisen wird.

Tabelle 7. Stand optischer Übertragungssysteme

Fernebene:
- Heute schon wirtschaftlicher als entsprechende Kupferkabelsysteme
- Bau einer Glasfaser-„Autobahntrasse" von Hamburg nach München

Ortsebene:
- Mehrere Feldversuche mit unterschiedlicher Technik (BIGFON)
- Intensive Anstrengungen, um den Aufwand annähernd auf denjenigen herkömmlicher Kupfersysteme zu verringern
- Trend zu digitalen breitbandigen Teilnehmeranschlüssen mit einer Glasfaser pro Teilnehmer

---

Zur technischen Erprobung der für Breitband-Universalnetze notwendigen Technologien wurden Ende 83/Anfang 84 insgesamt 10 Prototypnetze eines Breitbandigen Integrierten Glasfaser-Fernmelde-Ortsnetzes (BIGFON) in Betrieb genommen, in denen neben allen schmalbandigen Telekommunikationsformen und Fernsehen sowie Hörfunk einigen wenigen Teilnehmern auch die Möglichkeit zum Bildfernsprechen geboten wird. Dabei wird die übliche Fernsehnorm angewandt, so daß der Teilnehmer das in seiner Wohnung aufgestellte Fernsehgerät auch zum Bildfernsprechen verwenden kann. Die BIGFON-Versuchsanlagen haben bereits jetzt gezeigt, daß Breitband-Universalnetze mit Integration aller Dienste technisch möglich sind; sie sind jedoch noch wesentlich zu aufwendig. Daher konzentriert sich die derzeitige Entwicklung, wie im nächsten Abschnitt beschrieben wird, auf eine Erweiterung des zukünftigen ISDN zum Breitband-ISDN.

Zur Verbindung der in den Städten Berlin, Düsseldorf, Hamburg, Hannover, München, Nürnberg und Stuttgart installierten BIGFON-Versuchsanlagen und weiterer zukünftiger Breitbandnetze wird derzeit unter Verwendung von optischen 140 Mbit/s-Weitverkehrsstrecken ein Fernnetz errichtet, das es gestattet, eine bundesweite Nutzung von Bildfernsprechen und anderen Breitbandkommunikationsformen (z. B. Videokonferenzen) zu erproben. Die Trassenführung dieser Glasfaser-„Autobahn" in ihrem geplanten Ausbau bis Ende 1986 zeigt Abb. 25. Die erste Strecke zwischen Hamburg und Hannover, für die ein Kabel mit 60 Fasern verwendet wurde, ging vor kurzem in Betrieb.

In der optischen Nachrichtenübertragung sind derzeit die in Tabelle 8 angegebenen Entwicklungsperspektiven erkennbar. Neben den Bestrebungen, die Übertragungskapazität sowie die Verstärkerabstände durch den Einstaz von Monomode-Lichtwellenleitern mit geeigneten optischen Komponenten zu erhöhen, ist man bei der weiteren Entwicklung der optischen Nachrichtenübertragung auch bemüht, die Lichtwellenleiter mehrfach zu nutzen, z. B. durch Einsatz der Wellenlängenmultiplextechnik.

Entwicklungslinien der Breitbandkommunikation 31

Abb. 25. Glasfaser-„Autobahn"

Tabelle 8. Entwicklungsperspektiven der optischen Nachrichten-Übertragung

- Erhöhung der Übertragungskapazität
- Erhöhung des Verstärkerabstandes
- Verringerung der Kosten
- Wellenlängen-Multiplex
- Kohärente Detektion (Heterodyn-Empfang)
- Elektrooptische Komponenten
- Integrierte Optik (Lichtverstärker)

Durch die gleichzeitige Einkopplung von Lichtstrahlen unterschiedlicher Wellenlänge in die Faser — beim sichtbaren Licht entspräche dies unterschiedlichen Farben — kann die Übertragungskapazität einer Glasfaser erhöht werden. Insbesondere kann, wie Abb. 26 zeigt, durch die Verwendung von zwei Wellenlängen λ_1 und λ_2 erreicht werden, daß die Nachrichtensignale in der Richtung vom Teilnehmer zum Netz (λ_1) getrennt von den Signalen in der umgekehrten Richtung (λ_2) übertragen werden können, so daß eine einzige Glasfaser je Teilnehmer für den Zweirichtungsverkehr ausreicht. Die unterschiedlichen Wellenlängen werden auf beiden Seiten durch eine geeignete optische Weiche voneinander getrennt.

− 189 −

Einrichtungen beim Teilnehmer

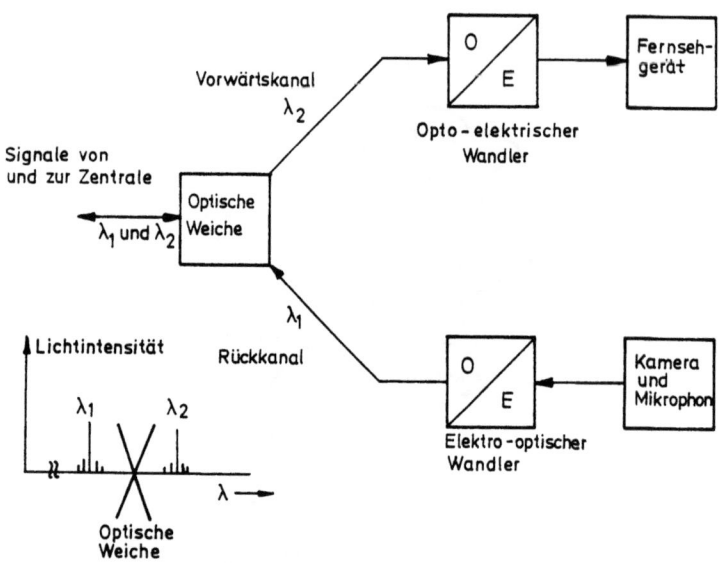

Abb. 26. Wellenlängenmultiplex zur Richtungstrennung auf der Teilnehmeranschlußleitung

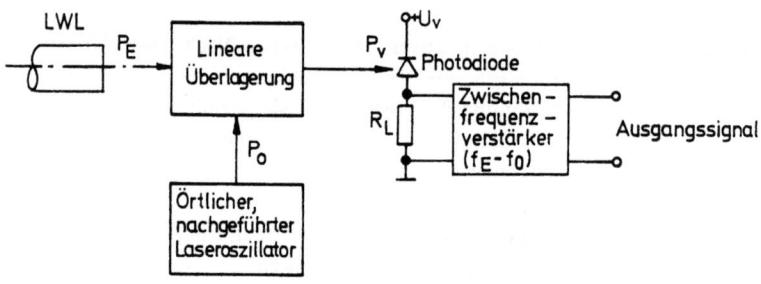

Momentane Strahlungsleistung $P_E = e_E^2(t)$ mit frequenz- und phasenkohärenter

Empfangsstrahlung $e_E(t) = \hat{e}_E(t)\cos(\omega_E t + \varphi_E)$

Örtlich zugeführte Strahlungsleistung $P_0 = \hat{e}_0^2 \cos^2(\omega_0 t + \varphi_0)$

Momentane Strahlungsleistung der linear überlagerten Strahlungen

$P_v(t) = (e_E + e_0)^2 = \hat{e}_E(t) \cdot \hat{e}_0 \cos\left[(\omega_E - \omega_0)t + (\varphi_E - \varphi_0)\right] +$ weitere Glieder

Photodiodenstrom $i_p \sim P_v \sim \hat{e}_0$

Abb. 27. Heterodynempfang bringt verbesserten Störabstand und Selektivität

Von besonderem Interesse für die Mehrfachnutzung sind die Forschungsanstrengungen, den Heterodynempfang einsatzreif zu machen. Abb. 27 zeigt das Prinzip der kohärenten und selektiven Detektion der ankommenden Lichtstrahlen. Entsprechend dem in Rundfunkempfängern üblichen Überlagerungsempfang findet in einem „Mischer" eine Überlagerung der Empfangsstrahlung $e_E(t)$ mit der einem örtlichen Laseroszillator entnommenen Strahlung $e_o(t)$ statt. Die momentane Strahlungsleistung $P_v(t)$ der linear überlagerten kohärenten Strahlung enthält einen Signalanteil mit der Differenzfrequenz $f_E - f_o$, der nach optoelektrischer Wandlung in einer Zwischenfrequenz-Stufe verstärkt den weiteren Stufen zugeleitet werden kann. In Versuchsanordnungen wurde bereits gezeigt [9], daß dieses Empfangsprinzip technisch möglich ist. Der optische Überlagerungsempfänger ist hoch selektiv und wesentlich empfindlicher als der Direktempfänger. Allerdings sind hier noch viele Forschungsfragen offen, so z. B. die zweckmäßige Art der Abstimmung des örtlichen Laseroszillators auf die gewünschte Empfangsstrahlung.

Auch das Gebiet der integrierten Optik bis hin zu dem Aspekt der optischen Vermittlung von Lichtstrahlen befindet sich heute noch eindeutig im Forschungsstadium, gibt aber zu großen Hoffnungen Anlaß.

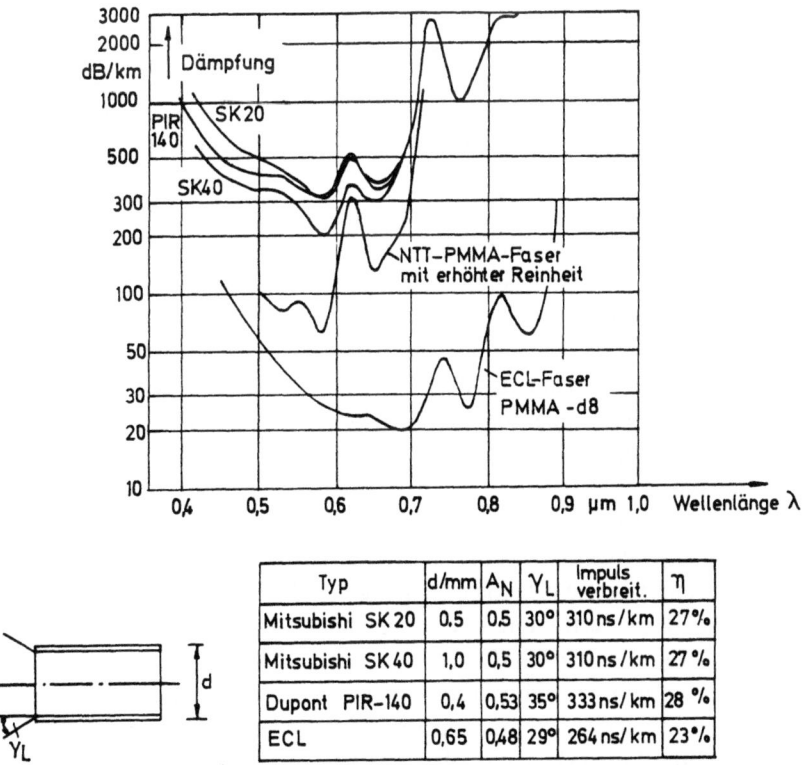

Abb. 28. Eigenschaften von Lichtwellenleitern aus Plastikmaterial

Für den Einsatz der optischen Nachrichtenübertragung im Teilnehmeranschlußnetz ist die Wirtschaftlichkeit von entscheidender Bedeutung. Da in einem Sternnetz jeder Teilnehmer ein eigens für ihn installiertes, optisches Übertragungssystem bestehend aus Lichtwellenleiter, Sendewandler und Empfangswandler — jeweils mit zugehörigen Elektronikschaltungen — nutzt, müssen die Forschungs- und Entwicklungsanstrengungen für diesen Bereich dahin gehen, alle Möglichkeiten zur Verringerung des Aufwands auszuschöpfen. Eine Verbesserung der Situation ergibt sich auch, wenn zumindest auf dem Abschnitt zwischen dem Kabelverzweiger und der Ortsvermittlungsstelle die Lichtwellenleiterstrecke durch eine elektrische Multiplexanordnung mehrfach genutzt werden kann.

Werden die digitalen Signale nur über kurze Strecken übertragen, so erreicht man auch mit einfacheren Wandlern und Lichtwellenleitern eine in vielen Fällen ausreichende Übertragungskapazität. Abb. 28 zeigt den Dämpfungsgang leicht zu handhabender Lichtwellenleiter aus Plastikmaterial. Wie Simulationsrechnungen [10] gezeigt haben, bieten auch solche Lichtwellenleiter die Möglichkeit, über wenige hundert Meter Bitraten bis zu 34 Mbit/s zu übertragen, sofern geeignete Sendelemente zur Verfügung stehen. Es ist anzunehmen, daß auf diesem Gebiet weitere Fortschritte erzielt werden.

Entwicklungsstufen der Individualkommunikation

Aufbauend auf den Fortschritten in der Mikroelektronik und der Technik der optischen Nachrichtenübertragung wird sich die Entwicklung zur Breitbandkommunikation aus heutiger Sicht in folgenden Stufen vollziehen:
1. Im bisherigen Fernsprechwählnetz werden die Signale in analoger Form übertragen und in elektromechanischen Vermittlungen in Raummultiplextechnik durchgeschaltet. Nachdem seit einigen Jahren die Übertragungseinrichtungen zunehmend auf die digitale PCM-Technik umgestellt werden und in den Systemen EWSD bzw. System 12 nun auch digitale, rechnergesteuerte Zeitmultiplex-Vermittlungssysteme für den weiteren Ausbau zur Verfügung stehen, stellt die Deutsche Bundespost das Fernsprechwählnetz Zug um Zug auf digitale Verbindungstechnik um.

In diesem Netz sind dann, wie in Abb. 29 gezeigt wird, die Fernsprechteilnehmer zunächst in der bisher üblichen Analogtechnik an die digitale Vermittlungsstelle angeschlossen, wobei die Analog/Digital- und die Digital/Analog-Wandlung am teilnehmerseitigen Eingang der Vermittlungsstelle erfolgen. Die digitale Art der Übertragung und Vermittlung ursprünglich analoger Signale erlaubt häufig sehr wirtschaftliche Lösungen, ist besonders gut für die optische Nachrichtenübertragung geeignet und weist eine hohe Sicherheit gegen äußere Störungen auf, da man am Empfangsort ja lediglich das Vorhandensein von Impulsen erkennen, also eine Ja-Nein-Entscheidung vornehmen muß. Allerdings bedingt der Vorgang des Abtastens und Codierens einen

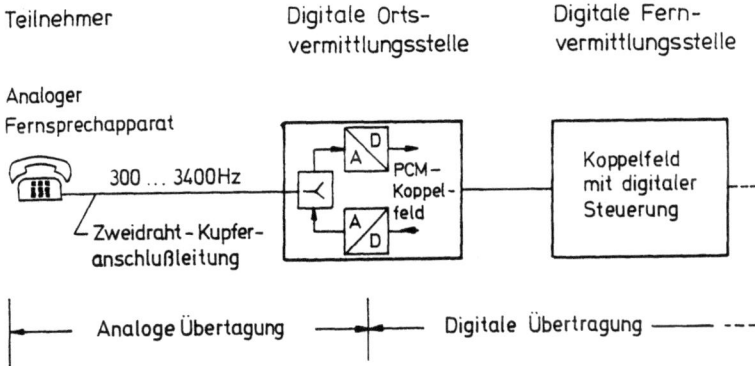

Abb. 29. Teilnehmeranschluß in Analogtechnik am digitalen Fernsprechnetz

ziemlichen Aufwand, so daß ein Einsatz dieses vor bereits mehr als vierzig Jahren erfundenen Verfahrens erst durch die Mikroelektronik möglich wurde.

2. Die großen Fortschritte auf dem Gebiet der Mikroelektronik werden es in Zukunft erlauben, die Analog/Digital- und die Digital/Analog-Wandlung mit wirtschaftlich vertretbarem Aufwand in die Teilnehmerstationen zu verlegen und damit auch die Teilnehmeranschlußleitung in Digitaltechnik zu betreiben. Da dann aber Sprachsignale in Form von Daten übertragen werden, liegt der Schritt nahe, auch andere digitale Signale, insbesondere für die Daten- und Textkommunikation, in eine integrierte Gesamtlösung einzubeziehen. Durch eine derartige Erweiterung der Zugangsmöglichkeiten beim Teilnehmer und eine digitale Verbindungsführung von Teilnehmer zu Teilnehmer kommt man zu einem neuen, universellen Nachrichtennetz, dem *Integrierten Sprach- und Datennetz ISDN (Integrated Services Digital Network)*.

Entsprechend den internationalen Vereinbarungen sieht der Basisanschluß für einen Teilnehmer in diesem ISDN-Netz in beiden Richtungen je zwei 64-kbit/s-Kanäle (B-Kanäle) und einen 16-kbit/s-Signalisierungskanal (D-Kanal) vor (Abb. 30), was zu einer Gesamtnutzbitrate von 144 kbit/s führt. Für die Übertragung dieses Bitstroms in beiden Richtungen genügen, wie intensive Untersuchungen gezeigt haben, noch die heutigen zweidrähtig geführten Teilnehmeranschlußleitungen in Kupferkabeln. Der Netzabschluß NT 12 besitzt die Schnittstelle (Kommunikationssteckdose) S, an die eine große Zahl verschiedenartiger Geräte bzw. Gerätekombinationen angeschlossen werden kann.

Zwar wird auch in diesem Netz Fernsprechen die dominierende Form der Telekommunikation sein, aber die beiden 64-kbit/s-Kanäle erlauben einen Verbund mehrerer Kommunikationsformen. Insgesamt ergeben sich für den Teilnehmer u. a. folgende Vorteile:

- Die relativ hohe Bitrate von 64-kbit/s stellt dem Teilnehmer kostengünstig einen wesentlich schnelleren Übertragungskanal als bisher zur Verfügung,

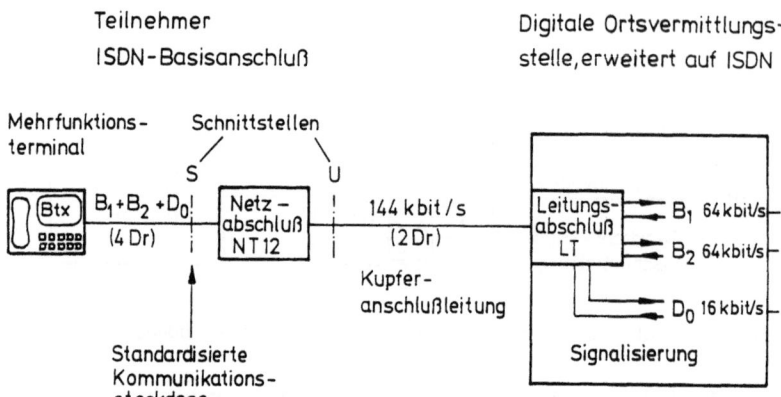

Abb. 30. Digitaler Teilnehmeranschluß mit Mehrfunktionsterminal am integrierten Sprach- und Datennetz (ISDN)

was sich bei Daten-, Text- und Informationsdiensten sowie Fernkopieren vorteilhaft auswirkt. So wird das „Blättern" in Bildschirmtextseiten mit sehr viel geringerem Zeitaufwand erfolgen können. Neben einer schnelleren Übertragung bei diesen Diensten werden weitere Dienste überhaupt erst sinnvoll, wie z. B. die Langsam-Bewegtbildübermittlung.

— Der Signalisierungskanal (D-Kanal mit 16 kbit/s) ermöglicht viele zusätzliche Dienstmerkmale und kann außerdem für die Übermittlung von Daten (Telemetrie, paketorientierte Daten) genutzt werden. Beispiele für neue Dienstmerkmale sind Benutzerführung, Anzeige der Rufnummer anrufender oder wartender Teilnehmer, Anzeige von Informationen über den Verbindungsaufbauzustand, Funktionstasten zum einfachen Benutzen von Dienstmerkmalen.

— An der einheitlichen Schnittstelle S werden alle bisherigen und künftigen Schmalbanddienste in gleicher Art und Weise behandelt, was wiederum zahlreiche Vorteile bietet. So kann der Teilnehmer in einer Verbindung die Endgeräte, d. h. die Kommunikationsform, wechseln, er kann gleichzeitig auf beiden Kanälen mit einem oder mit zwei Diensten zum gleichen Partner kommunizieren (z. B. Fernsprechen und Telefax), oder er kann gleichzeitig zwei unterschiedliche Kommunikationsbeziehungen unterhalten (z. B. Fernsprechen und Bildschirmtext). Auch lassen sich neue Dienste oder Varianten der Nutzung besonders einfach einführen.

Es wird erwartet, daß die Möglichkeit gleichzeitiger Nutzung mehrerer Dienste vor allem für die Bürokommunikation von großem Vorteil sein wird. Daher muß die Teilnehmerschnittstelle S den Zugang mehrerer Endgeräte oder eines Mehrfunktionsterminals zu den beiden B-Kanälen und dem D-Kanal bieten.

In den Jahren 1986 und 1987 erprobt die Deutsche Bundespost die für das ISDN zusätzlich erforderlichen Netzkomponenten in zwei Pilotprojekten, in

Stuttgart und Mannheim, mit je etwa 400 Basisanschlüssen, die insbesondere für die geschäftliche Kommunikation vorgesehen sind. Der Serieneinsatz des ISDN kann dann ab 1988 erfolgen.

3. Durch Hinzufügen breitbandiger Übertragungs- und Vermittlungseinrichtungen kann das eben beschriebene digitale Netz mit Integration der schmalbandigen Dienste (ISDN) zu einem *Breitband-ISDN* erweitert werden, das dann auch Bewegtbilder übertragen kann und damit neben dem Fernsprechen, der Daten- und Textkommunikation auch für Bildfernsprechen und die Videokonferenz geeignet ist. Da Bewegtbildsignale Bandbreiten von etwa 5 MHz für die Übertragung in Analogtechnik bzw. Bitraten in der Größenordnung von 34 ... 140 Mbit/s für die digitale Übertragung benötigen, sind spätestens in dieser Phase der Entwicklung Lichtwellenleiterkabel im Teilnehmeranschlußnetz nötig.

Abb. 31 zeigt das auf die Breitband-ISDN-Version erweiterte Blockschaltbild eines Teilnehmeranschlusses. Die ISDN-Ortsvermittlungsstelle ist durch einen Breitband-Leitungsabschluß und ein Breitbandkoppelfeld ergänzt, das von der ISDN-Steuerung her mitgesteuert wird. Beim Teilnehmer gibt es entsprechend einen Breitband-Netzabschluß. Außerdem muß selbstverständlich die für ISDN ausreichende Kupfer-Teilnehmeranschlußleitung durch eine Glasfaserverbindung mit den zugehörigen opto/elektrischen Wandlern und Multiplexer/Demultiplexern ersetzt werden.

Durch das Aufsetzen auf der ISDN-Infrastruktur können wesentliche Grundfunktionen, z. B. die Signalisierung, übernommen werden. Wie beim ISDN soll auch beim Breitband-ISDN eine universelle Teilnehmerschnittstelle eine freizügige Nutzung ermöglichen, wobei zunächst nur die verschiedenen Formen der Individualkommunikation, z. B. für den geschäftlichen Bereich,

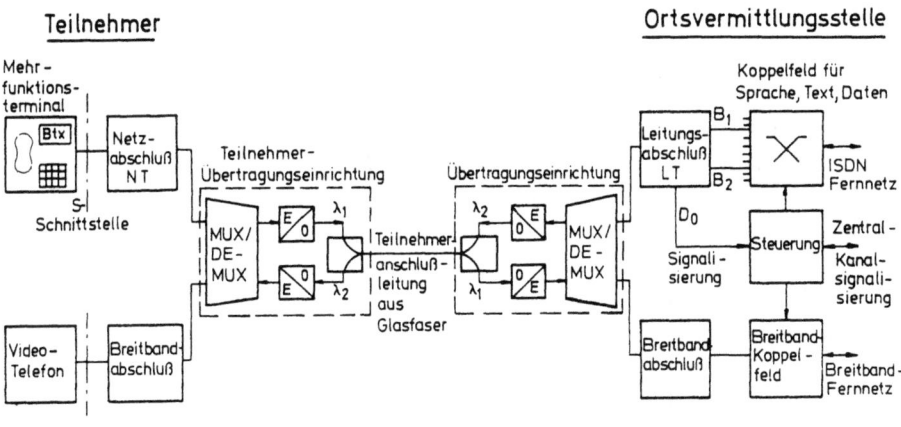

Abb. 31. Prinzipbild der Erweiterung eines ISDN-Teilnehmeranschlusses zu einem Breitband-ISDN-Anschluß

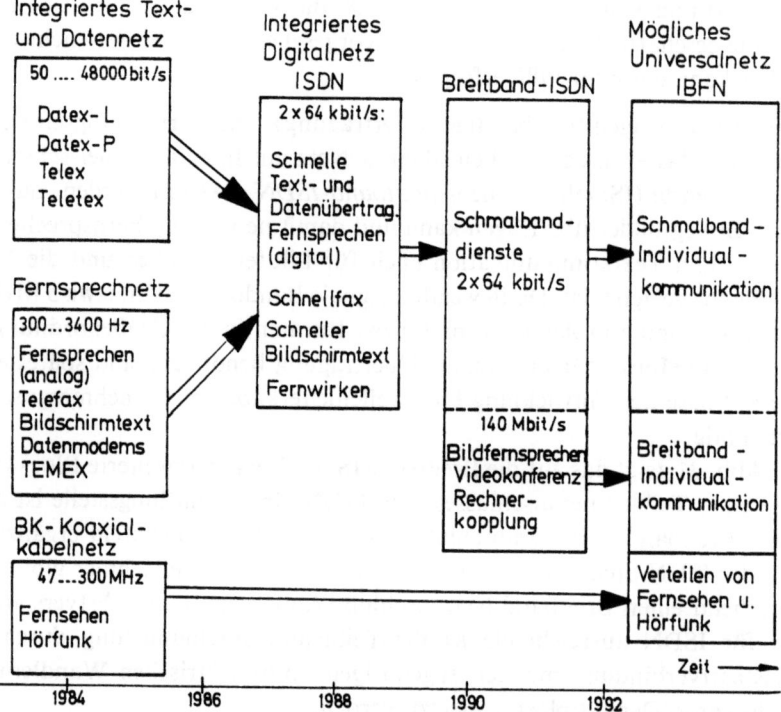

Abb. 32. Entwicklungsstufen der Telekommunikationsnetze

realisiert werden sollen. Nach dem derzeitigen Planungsstand sollen erste Breitband-ISDN-Anlagen Ende der achtziger Jahre in Betrieb gehen.

Das Verwenden der ISDN-Infrastruktur als Basis für das Breitband-ISDN läßt hoffen, daß, insbesondere auch durch weitere technologische Fortschritte, der erhöhte Aufwand für die Breitbandübertragung und -vermittlung im Gegensatz zu den Erfahrungen mit den BIGFON-Anlagen so weit reduziert werden kann, daß die Gebühr für einen Breitband-ISDN-Hauptanschluß nicht mehr als das etwa Zweifache der Fernsprechgebühr beträgt.

Die erwartete Weiterentwicklung der Telekommunikationsnetze ist in Abb. 32 dargestellt. Sie läßt sich in vier Zeitabschnitte oder Phasen einteilen, die aus Gründen des Investitions- und Arbeitsumfangs an verschiedenen Orten jedoch zeitlich versetzt ablaufen werden.

Die bedeutendste Nutzungsform in dem etwa ab 1990 in Phase 3 eingeführten Breitband-ISDN wird vermutlich Bildfernsprechen (und zwar in Farbe) sein, dessen vielseitige Einsatzformen für die geschäftliche, aber auch für die private Telekommunikation heute aus Mangel an Erfahrungen noch nicht abgeschätzt werden können. Dazu kommen verschiedene Formen der Bild-Telekonferenz und des schnellen Austausches von Daten, z. B. für Computer-Graphik.

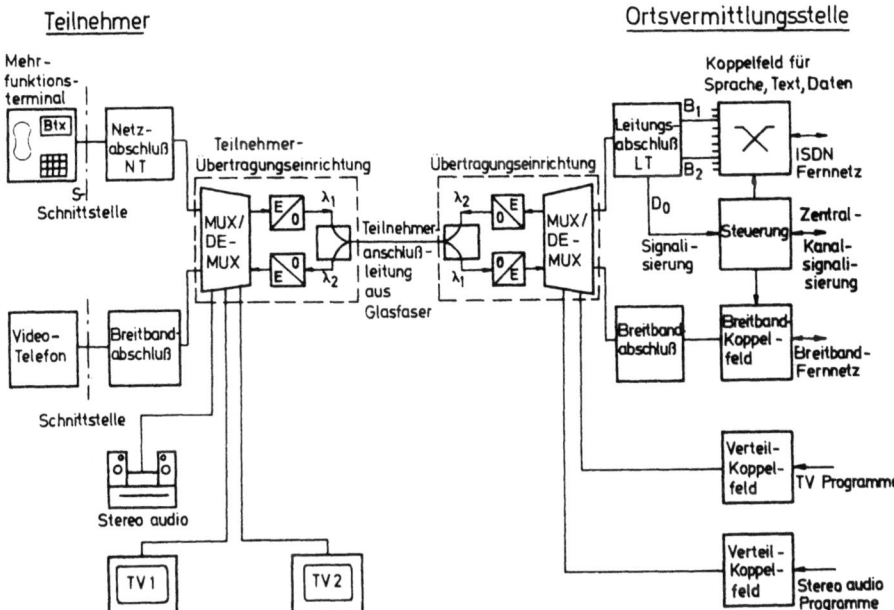

Abb. 33. Erweiterung eines Breitband-ISDN-Teilnehmeranschlusses auf die zusätzliche Verteilung von Fernseh- und Hörfunkprogrammen

Auch andere Formen der Videokommunikation, z. B. der individuelle Abruf bewegter Bilder, können in der Zukunft eine große Bedeutung erlangen. Die individuelle Breitbandkommunikation wird eine Innovation darstellen, deren vielfältige Nutzungsmöglichkeiten sich erst im Laufe der Zeit herausbilden werden.

4. Beginnend ab etwa 1992 könnte dann in Phase 4 auch die Verteilkommunikation in ein derartiges Glasfaser-Ortsnetz einbezogen und damit der Schritt vom Breitband-ISDN zum Breitband-Universalnetz IBFN gemacht werden. Bis dahin werden die Koaxialkabel(BK)-Netze, wie bisher, die Verteilung von Fernseh- und Hörfunkprogrammen übernehmen müssen. Abb. 33 zeigt die Baugruppen, die für die Verteilung von Fernseh- und Hörfunkprogrammen zusätzlich notwendig sind.

Beim derzeitigen Stand der digitalen optischen Nachrichtenübertragung können auf einer einzigen Glasfaser nur etwa drei bis vier Fernsehsignale gleichzeitig übertragen werden. Die Fernseh- und Stereoprogramme werden daher in einem IBFN-System verteilvermittelt an die Teilnehmer weitergegeben. Damit ist gemeint, daß der Teilnehmer über seinen Rückkanal Steuerbefehle an die Ortsvermittlungsstelle gibt, worauf dann die Verteilkoppelfelder so eingestellt werden, daß die gewünschten Programme in den relativ wenigen Vorwärtskanälen zum Teilnehmer übertragen werden.

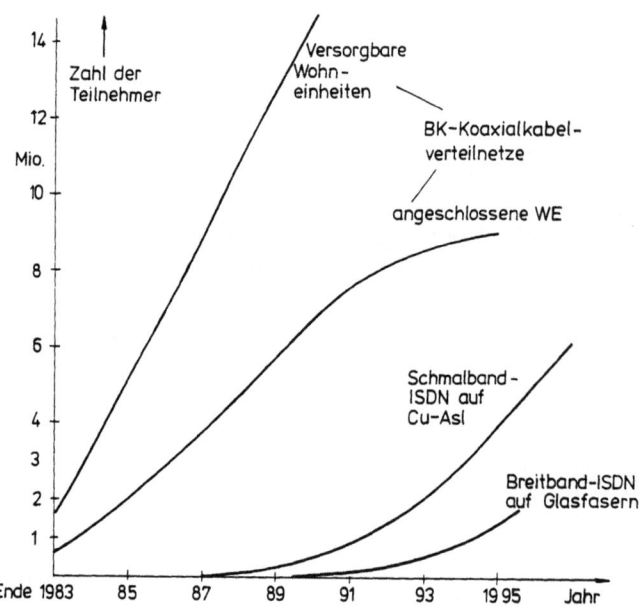

Abb. 34. Erwartete Zahl der Teilnehmer in Koaxialkabel(BK)-Verteilnetzen sowie im ISDN und Breitband-ISDN

In Abb. 34 soll abschließend gezeigt werden, wie sich die Teilnehmerzahlen in den verschiedenen Netzen bis hin zum Breitband-ISDN nach heutigen Vermutungen im Laufe der Jahre entwickeln könnten. Da die Verbreitung von Bildfernsprechen und anderen Breitbanddiensten noch unsicher ist und sicherlich einer gewissen Anlaufphase bedarf, andererseits aber Lichtwellenleiter das Übertragungsmedium der Zukunft darstellen, sollte bei der Neuinstallierung von Teilnehmeranschlußkabeln alles versucht werden, zu einem möglichst frühen Zeitpunkt Lichtwellenleiterkabel anstatt der bisherigen Kupferkabel zu verlegen, selbst wenn die daran angeschlossenen Teilnehmer zunächst nur am Fernsprechdienst teilnehmen wollen. Natürlich müssen die verlegten Lichtwellenleiterkabel eine spätere Erweiterung auf Breitbanddienste ermöglichen. Zum ausschließlichen Verteilen von Fernseh- und Hörfunkprogrammen stellen Koaxialkabel noch für eine Reihe von Jahren die wirtschaftlichste Lösung dar.

Breitbandige kabelgebundene Übertragungswege bilden grundsätzlich auch eine Basis für die Einführung einer Bewegtbildübertragung höherer Qualität und damit höherer Bandbreite. Über erdgebundene Funkausstrahlung ist aus heutiger Sicht wegen des Mangels an verfügbaren Frequenzen die Realisierung einer Verteilung von Fernsehbildern, die eine erhöhte Auflösung haben, nicht möglich. Dagegen bieten Glasfaserstrecken, insbesondere bei Nutzung neuer, noch in der Forschung befindlicher Prinzipien, gute Chancen für Systeme mit erhöhter Bildqualität.

Es steht außer Frage, daß die telekommunikative Welt von morgen sehr viel mehr Möglichkeiten bieten und stärker auf die individuellen Wünsche der Teilnehmer ausgerichtet sein kann und wird. Im Mittelpunkt all dieser Betrachtungen muß jedoch der Mensch stehen und wichtiger als die Faszination durch die Technik ist die Befriedigung seiner Kommunikationsbedürfnisse und damit ein Beitrag zur Verwirklichung seiner Persönlichkeit.

Literatur

1. BÜHLMAIER L (1983) Untersuchung von Verfahren zur Kabeltextübertragung. Dissertation, Stuttgart
2. KAISER W et al. (1982) Interaktive Breitbandkommunikation. Springer
3. Kommission für den Ausbau des technischen Kommunikationssystems (KtK) (1976) Telekommunikationsbericht mit 8 Anlagebänden. Dr. Hans Heger, Bonn
4. SCHOLZ R (1984) Verfahren für schmalbandige Rückkanäle in Breitbandverteilnetzen. Dissertation Stuttgart
5. KAISER W, LOHMAR U (1980) Kommunikation über Satelliten. Springer
6. FASSHAUER P (1984) Optische Nachrichtensysteme. Hüthig, Heidelberg
7. BAUES P (1981) Siemens Publikation bt 014 Optoelektronik
8. SAUPE H (1984) Beiträge zur Gestaltung von Sendern und Empfängern für die analoge optische Übertragung. Dissertation, Stuttgart
9. BAACK C (1985) Optische Nachrichtentechnik und Integrierte Optik – Basistechnologien eines zukünftigen Breitband-ISDN. In: KAISER W (Hrsg) Integrierte Telekommunikation, Springer
10. HEIN J (1985) Interner Bericht, Institut für Nachrichtenübertragung, Universität Stuttgart

Sitzungsberichte
der
Heidelberger Akademie der Wissenschaften
Mathematisch-naturwissenschaftliche Klasse

Jahrgang 1985

Springer-Verlag
Berlin Heidelberg New York Tokyo

ISBN-13: 978-3-540-16174-5   e-ISBN-13: 978-3-642-46570-3
DOI: 10.1007/978-3-642-46570-3

Das Werk ist urheberrechtlich geschützt. Die dadurch begründeten Rechte, insbesondere die der Übersetzung, des Nachdruckes, der Entnahme von Abbildungen, der Funksendung, der Wiedergabe auf photomechanischem oder ähnlichem Wege und der Speicherung in Datenverarbeitungsanlagen bleiben, auch bei nur auszugsweiser Verwertung, vorbehalten.
Die Vergütungsansprüche des § 54, Abs. 2 UrhG werden durch die „Verwertungsgesellschaft Wort", München, wahrgenommen.

© Springer-Verlag Berlin Heidelberg 1985

Die Wiedergabe von Gebrauchsnamen, Warenbezeichnungen usw. in diesem Werk berechtigt auch ohne besondere Kennzeichnung nicht zu der Annahme, daß solche Namen im Sinne der Warenzeichen- und Markenschutz-Gesetzgebung als frei zu betrachten wären und daher von jedermann benutzt werden dürften.
Satz: K + V Fotosatz GmbH, Beerfelden

2125/3145-543210

Inhalt

Jahrgang 1985

H. A. Staab
Zur Entstehung des Neuen in den Naturwissenschaften –
dargestellt an einem Beispiel der Chemiegeschichte 1

S. Sambursky
Proklos, Präsident der platonischen Akademie,
und sein Nachfolger, der Samaritaner Marinos 31

R. Haas
AIDS – Ein Virusinfekt des Immunsystems 53

F. Räbiger
Beiträge zur Strukturtheorie der Grothendieck-Räume 81

W. Kaiser
Entwicklungslinien der Breitbandkommunikation 159

Pathogenese
Herausgegeben von H. Schipperges
(Supplement, Jahrgang 1985)

E. Hinz
Human Helminthiases in the Philippines
(Supplement, Jahrgang 1985)

Sitzungsberichte der Heidelberger Akademie der Wissenschaften
Mathematisch-naturwissenschaftliche Klasse

Die Jahrgänge bis 1921 einschließlich erschienen im Verlag von Carl Winter, Universitätsbuchhandlung in Heidelberg, die Jahrgänge 1922–1933 im Verlag Walter de Gruyter & Co. in Berlin, die Jahrgänge 1934–1944 bei der Weißschen Universitätsbuchhandlung in Heidelberg. 1945, 1946 und 1947 sind keine Sitzungsberichte erschienen.

Ab Jahrgang 1948 erscheinen die „Sitzungsberichte" im Springer-Verlag.

Inhalt des Jahrgangs 1979/80:
1. H. P. Schmitt. Akute und intervalläre Strahlenschäden des Zentralnervensystems. DM 84,–.
2. W. v. Engelhardt. Phaetons Sturz – ein Naturereignis? DM 26,–.
3. R. Haas. Influenza – Bagatelle oder tödliche Bedrohung? DM 19,80.
4. T. Kirsten (Hrsg.). Geophysik in Heidelberg. DM 52,–.
5. M. Becke-Goehring. Anorganische Chemie zwischen gestern und morgen. DM 24,–.

Inhalt des Jahrgangs 1980:
1. F. Duspiva. Das Problem der Determination und Differenzierung in der Biologie. DM 20,–.
2. E. Hinz. *Schistosoma intercalatum*-Infektionen in Afrika. Saisonkrankheiten in Nigeria. DM 42,–.
3. J. C. Vogel. Fractionation of the Carbon Isotopes During Photosynthesis. DM 18,80.
4. W. Doerr, W.-W. Höpker, W. Hofmann, K. Kayser, C. Tschahargane. Onkologisches Panorama. Krebsregister, Früherkennung, Phylogenie. DM 18,20.

Inhalt des Jahrgangs 1981:
1. F. Kirchheimer. Die Medaillen der Kurpfälzischen Akademie der Wissenschaften. DM 23,–.
2. S. Berking. Zur Rolle von Modellen in der Entwicklungsbiologie. DM 24,50.
3. Th. Wieland. Moderne Naturstoffchemie am Beispiel des Pilzgiftstoffes Phalloidin. DM 19,–.
4. S. Sambursky. Religion und Naturwissenschaft im spätantiken Denken. DM 10,50.

W. Doerr, W. Hofmann, A. J. Linzbach, K. Rother, F. Seitelberger. Neue Beiträge zur Theoretischen Pathologie. Herausgegeben von H. Schipperges. Supplement. Geb. DM 62,–.

Th. Henkelmann. Zur Geschichte des pathophysiologischen Denkens. John Brown (1735–1788) und sein System der Medizin. Supplement. Geb. DM 54,–.

Inhalt des Jahrgangs 1982:
1. E. G. Jung. Licht und Hautkrebse. Modelle und Risikoerfassung. DM 26,–.
2. H. H. Schaefer. Georg Cantor und das Unendliche in der Mathematik. DM 17,50.
3. G. Greiner. Spektrum und Asymptotik stark stetiger Halbgruppen positiver Operatoren. DM 18,50.
4. W. Doerr. Cancer à deux. DM 13,80.
5. W. Jaeger. Untersuchungen zu Farbkonstanz und Farbgedächtnis. DM 12,80.
6. H. Habs. Die sogenannte Pest des Thukydides. Versuch einer epidemiologischen Analyse. DM 24,80.

B. M. Thimm. Brucellosis. Distribution in Man, Domestic and Wild Animals. Supplement. Geb. DM 45,–.

G. Breitfellner. Der Sekundenherztod. Ein morphologisches, funktionelles und sektionsstatistisches Profil. Supplement. Geb. DM 128,–.

If you have any concerns about our products,
you can contact us on
ProductSafety@springernature.com

In case Publisher is established outside the EU,
the EU authorized representative is:
**Springer Nature Customer Service Center GmbH
Europaplatz 3, 69115 Heidelberg, Germany**

Printed by Libri Plureos GmbH
in Hamburg, Germany